essentials

essentials liefern aktuelles Wissen in konzentrierter Form. Die Essenz dessen, worauf es als „State-of-the-Art" in der gegenwärtigen Fachdiskussion oder in der Praxis ankommt. *essentials* informieren schnell, unkompliziert und verständlich

- als Einführung in ein aktuelles Thema aus Ihrem Fachgebiet
- als Einstieg in ein für Sie noch unbekanntes Themenfeld
- als Einblick, um zum Thema mitreden zu können

Die Bücher in elektronischer und gedruckter Form bringen das Expertenwissen von Springer-Fachautoren kompakt zur Darstellung. Sie sind besonders für die Nutzung als eBook auf Tablet-PCs, eBook-Readern und Smartphones geeignet. *essentials:* Wissensbausteine aus den Wirtschafts-, Sozial- und Geisteswissenschaften, aus Technik und Naturwissenschaften sowie aus Medizin, Psychologie und Gesundheitsberufen. Von renommierten Autoren aller Springer-Verlagsmarken.

Weitere Bände in dieser Reihe http://www.springer.com/series/13088

Hermann Sicius

Cobaltgruppe: Elemente der neunten Nebengruppe

Eine Reise durch das Periodensystem

Dr. Hermann Sicius
Dormagen, Deutschland

ISSN 2197-6708 ISSN 2197-6716 (electronic)
essentials
ISBN 978-3-658-16345-7 ISBN 978-3-658-16346-4 (eBook)
DOI 10.1007/978-3-658-16346-4

Die Deutsche Nationalbibliothek verzeichnet diese Publikation in der Deutschen Nationalbibliografie; detaillierte bibliografische Daten sind im Internet über http://dnb.d-nb.de abrufbar.

Springer Spektrum
© Springer Fachmedien Wiesbaden GmbH 2017
Das Werk einschließlich aller seiner Teile ist urheberrechtlich geschützt. Jede Verwertung, die nicht ausdrücklich vom Urheberrechtsgesetz zugelassen ist, bedarf der vorherigen Zustimmung des Verlags. Das gilt insbesondere für Vervielfältigungen, Bearbeitungen, Übersetzungen, Mikroverfilmungen und die Einspeicherung und Verarbeitung in elektronischen Systemen.
Die Wiedergabe von Gebrauchsnamen, Handelsnamen, Warenbezeichnungen usw. in diesem Werk berechtigt auch ohne besondere Kennzeichnung nicht zu der Annahme, dass solche Namen im Sinne der Warenzeichen- und Markenschutz-Gesetzgebung als frei zu betrachten wären und daher von jedermann benutzt werden dürften.
Der Verlag, die Autoren und die Herausgeber gehen davon aus, dass die Angaben und Informationen in diesem Werk zum Zeitpunkt der Veröffentlichung vollständig und korrekt sind. Weder der Verlag noch die Autoren oder die Herausgeber übernehmen, ausdrücklich oder implizit, Gewähr für den Inhalt des Werkes, etwaige Fehler oder Äußerungen.

Gedruckt auf säurefreiem und chlorfrei gebleichtem Papier

Springer Spektrum ist Teil von Springer Nature
Die eingetragene Gesellschaft ist Springer Fachmedien Wiesbaden GmbH
Die Anschrift der Gesellschaft ist: Abraham-Lincoln-Str. 46, 65189 Wiesbaden, Germany

Dieses Buch ist gewidmet:
Susanne Petra Sicius-Hahn
Elisa Johanna Hahn
Fabian Philipp Hahn
Dr. Gisela Sicius-Abel

Was Sie in diesem *essential* finden können

- Eine umfassende Beschreibung von Herstellung, Eigenschaften und Verbindungen der Elemente der neunten Nebengruppe
- Aktuelle und zukünftige Anwendungen
- Ausführliche Charakterisierung der einzelnen Elemente

Inhaltsverzeichnis

1 Einleitung

Willkommen bei den Elementen der neunten Nebengruppe (Cobalt, Rhodium, Iridium und Meitnerium), deren physikalische und chemische Eigenschaften relativ ähnlich sind. Auch beim Elementenpaar Rhodium und Iridium ist noch die Auswirkung der Lanthanoidenkontraktion zu beobachten. Die jeweiligen physikalischen Eigenschaften dieser zwei Elemente unterscheiden sich jedoch schon merklich, nicht aber die chemischen. Die Eigenschaften des Cobalts dagegen weichen von denen der zwei „edlen" Platinmetalle Rhodium und Iridium deutlich ab, so zeigt Cobalt ein negatives Normalpotenzial sowie niedrigere Dichten, Schmelz- und Siedepunkte. Die Elemente dieser Gruppe könnten theoretisch maximal neun äußere Valenzelektronen (je zwei s- und sieben d-Elektronen) abgeben, um eine stabile Elektronenkonfiguration zu erreichen. Bei Cobalt ist aber die Oxidationsstufe +2 die stabilste, bei Rhodium +3 und bei Iridium +4, wenn man bei den beiden letzteren überhaupt von stabilen Verbindungen sprechen kann. Die Exergonie (bzw. Exothermie) für Bildungsreaktionen von Rhodium- und Iridiumverbindungen aus den Elementen ist nur selten negativ und dann niedrig; oft ist auch eine hohe Aktivierungsenergie aufzuwenden. Kürzlich gelang jedoch die Erzeugung von Iridium-VIII- und IX-Verbindungen.

Für das höchste Element dieser Nebengruppe, das Meitnerium, wurden sogar noch gar keine chemischen Untersuchungen durchgeführt. Es ist zu erwarten, dass es sich chemisch ähnlich wie Iridium verhält.

Die Entdeckung des Cobalts erfolgte 1735, die des Rhodiums und Iridiums Anfang des 19. Jahrhunderts. Die erstmalige Darstellung von Atomen des Meitneriums gelang 1982. Sie finden alle Elemente Periodensystem in Gruppe N 9 (s. Abb. 2.1).

© Springer Fachmedien Wiesbaden GmbH 2017

H. Sicius, *Cobaltgruppe: Elemente der neunten Nebengruppe*,
essentials, DOI 10.1007/978-3-658-16346-4_1

Cobalt als Legierungsbestandteil in Stählen, Rhodium in Schmuck und in Katalysatoren und teuren Uhren, Iridium in Spitzen von Füllfederhaltern und ebenfalls in Katalysatoren für verschiedene organische Synthesen – das kennen Sie vielleicht schon. Aber wie verhält es sich mit Cobaltverbindungen in der Porzellanmalerei oder mit Iridium in Kontakten für Zündkerzen und in der Krebstherapie? Die Nebengruppen des Periodensystems beinhalten einige sehr bekannte Namen von Elementen, wie beispielsweise Chrom, Eisen, Nickel, Kupfer, Silber, Gold, Zink, Quecksilber. Im Gegenzug findet man auf hierzu gleichwertigen Positionen viele Elemente, die eventuell sogar die Mehrheit von Ihnen nicht sofort einordnen können: Iridium, Technetium, Rhodium, Hafnium, Scandium, Lanthan und Cadmium. Rhodium und Iridium bilden zusammen mit Cobalt und dem radioaktiven, sehr kurzlebigen Meitnerium Elemente dieser neunten Nebengruppe des Periodensystems.

Elemente werden eingeteilt in Metalle (z. B. Natrium, Calcium, Eisen, Zink), Halbmetalle wie Arsen, Selen, Tellur sowie Nichtmetalle wie beispielsweise Sauerstoff, Chlor, Jod oder Neon. Die meisten Elemente können sich untereinander verbinden und bilden chemische Verbindungen; so wird z. B. aus Natrium und Chlor die chemische Verbindung Natriumchlorid, also Kochsalz.

Einschließlich der natürlich vorkommenden sowie der bis in die jüngste Zeit hinein künstlich erzeugten Elemente nimmt das aktuelle Periodensystem der Elemente (Abb. 2.1) bis zu 118 Elemente auf, von denen zurzeit noch vier Positionen unbesetzt sind.

Die Einzeldarstellungen der insgesamt vier Vertreter der Gruppe der Elemente der neunten Nebengruppe enthalten dabei alle wichtigen Informationen über das jeweilige Element, sodass ich hier nur eine sehr kurze Einleitung vorangestellt habe.

2 Vorkommen

Cobalt ist im Unterschied zum sehr häufig vorkommenden Nachbarn im Periodensystem, Eisen (47.000 ppm der Erdhülle!) mit einer Konzentration von gerade einmal 37 ppm selten. Rhodium und Iridium haben mit Anteilen an der Erdkruste von 0,001 ppm (!) schon fast den Status von Spurenelementen und gehören zu den seltensten nicht-radioaktiven Elementen. Meitnerium ist nur durch künstliche Kernreaktionen und auch dann nur in Mengen weniger Atome zugänglich (Abb. 2.1).

© Springer Fachmedien Wiesbaden GmbH 2017

H. Sicius, *Cobaltgruppe: Elemente der neunten Nebengruppe*,
essentials, DOI 10.1007/978-3-658-16346-4_2

H 1	H 2	N 3	N 4	N 5	N 6	N 7	N 8	N 9	N10	N 1	N 2	H 3	H 4	H 5	H 6	H 7	H 8
1 H																	2 He
3 Li	4 Be											*5 B*	6 C	N	8 O	9 F	10 Ne
11 Na	12 Mg											13 Al	*14 Si*	15 P	16 S	17 Cl	18 Ar
19 K	20 Ca	Sc	22 Ti	23 V	24 Cr	25 Mn	26 Fe	27 Co	28 Ni	29 Cu	30 Zn	31 Ga	*32 Ge*	*33 As*	*34 Se*	35 Br	36 Kr
37 Rb	38 Sr	39 Y	40 Zr	41 Nb	42 Mo	43 Tc	44 Ru	45 Rh	46 Pd	47 Ag	48 Cd	49 In	50 Sn	51 Sb	*52 Te*	53 I	54 Xe
55 Cs	56 Ba	57 La	72 Hf	73 Ta	74 W	75 Re	76 Os	77 Ir	78 Pt	79 Au	80 Hg	81 Tl	82 Pb	83 Bi	84 Po	*85 At*	86 Rn
87 Fr	88 Ra	89 Ac	104 Rf	105 Db	106 Sg	107 Bh	108 Hs	109 Mt	110 Ds	111 Rg	112 Cn	113 Uut	114 Fl	115 Uup	116 Lv	117 Uus	118 Uuo

Ln >	58 Ce	59 Pr	60 Nd	61 Pm	62 Sm	63 Eu	64 Gd	65 Tb	66 Dy	67 Ho	68 Er	69 Tm	70 Yb	71 Lu
An >	90 Th	91 Pa	92 U	93 Np	94 Pu	95 Am	96 Cm	97 Bk	98 Cf	99 Es	100 Fm	101 Md	102 No	103 Lr

Radioaktive Elemente *Halbmetalle*

H: Hauptgruppen N: Nebengruppen

Abb. 2.1 Periodensystem der Elemente

3 Herstellung

Cobalt ist ein Nebenprodukt des Röstprozesses von Kupfer- und Nickelerzen, bei dem es als Oxid anfällt. Jenes wird dann durch Erhitzen mit Kohle zum Metall reduziert. Rhodium und Iridium müssen erst aufwendig von unedlen Begleit- sowie anderen Platinmetallen abgetrennt werden, wonach sie schließlich in ihre höheren Chlorokomplexe überführt werden. Jene reduziert man anschließend mit Wasserstoffgas zum jeweiligen reinen Metall.

© Springer Fachmedien Wiesbaden GmbH 2017

H. Sicius, *Cobaltgruppe: Elemente der neunten Nebengruppe*,
essentials, DOI 10.1007/978-3-658-16346-4_3

Eigenschaften 4

4.1 Physikalische Eigenschaften

Die physikalischen Eigenschaften sind auch in dieser Gruppe mit nur wenigen Ausnahmen regelmäßig nach steigender Atommasse abgestuft. In Analogie zu den Nachbarelementen der achten und zehnten Nebengruppe nehmen vom Cobalt zum Iridium Dichte, Schmelzpunkte und -wärmen sowie Siedepunkte und Verdampfungswärmen zu, die chemische Reaktionsfähigkeit geht dagegen deutlich zurück. Auch hier tritt kein Effekt der Schrägbeziehung auf, also leitet Cobalt hinsichtlich seiner Eigenschaften nicht zum Palladium über.

4.2 Chemische Eigenschaften

Die Elemente der Cobaltgruppe sind teils reaktionsfähig (Cobalt), wogegen sich Rhodium und Iridium nahezu völlig gegensätzlich verhalten. Diese beiden Metalle gehören zur insgesamt sechs Elemente umfassenden Gruppe der Platinmetalle und sind nicht nur sehr reaktionsträge, sondern sind die „edelsten" und damit korrosionsbeständigsten Metalle überhaupt. Sie sind an der Luft stabil und sind in vielen Säuren und Laugen unlöslich. Sie reagieren meist nur unter Anwendung drastischer Methoden, auch mit reaktiven Nichtmetallen (Halogene, Sauerstoff) reagieren sie erst bei hoher Temperatur.

© Springer Fachmedien Wiesbaden GmbH 2017

H. Sicius, *Cobaltgruppe: Elemente der neunten Nebengruppe*,
essentials, DOI 10.1007/978-3-658-16346-4_4

5 Einzeldarstellungen

Im folgenden Teil sind die Elemente der Cobaltgruppe (9. Nebengruppe) jeweils einzeln mit ihren wichtigen Eigenschaften, Herstellungsverfahren und Anwendungen beschrieben.

5.1 Cobalt

Symbol:	Co		
Ordnungszahl:	27		
CAS-Nr.:	7440-48-4		
Aussehen:	Blaugrau glänzend	Cobalt, Kugeln (Sicius, 2016)	Cobalt, Pellet, 10 g (Ø 1,5 cm), Metallium Inc., 2016
Entdecker, Jahr	Brandt (Schweden, 1735)		
Wichtige Isotope [natürliches Vorkommen (%)]	Halbwertszeit (a)	Zerfallsart, -produkt	
$^{59}_{27}Co$(100)	Stabil	-----	
Massenanteil in der Erdhülle (ppm):		37	
Atommasse (u):		58.9332	
Elektronegativität (Pauling ♦ Allred&Rochow ♦ Mulliken)		1,88 ♦ K.A. ♦ K.A.	
Normalpotential: $Co^{2+} + 2\ e^- > Co$ (V)		-0,28	
Atomradius (berechnet) (pm):		135 (152)	
Van der Waals-Radius (pm):		Keine Angabe	
Kovalenter Radius (pm):		126 (low spin), 150 (high spin)	

© Springer Fachmedien Wiesbaden GmbH 2017
H. Sicius, *Cobaltgruppe: Elemente der neunten Nebengruppe*, essentials, DOI 10.1007/978-3-658-16346-4_5

Ionenradius (Co^{2+}/Co^{3+}, pm)	82 / 64
Elektronenkonfiguration:	[Ar] $3d^7\,4s^2$
Ionisierungsenergie (kJ/ mol), erste ♦ zweite ♦ dritte ♦ vierte:	760 ♦ 1648 ♦ 3232 ♦ 4950
Magnetische Volumensuszeptibilität:	-----
Magnetismus:	Ferromagnetisch
Kristallsystem:	Hexagonal
Elektrische Leitfähigkeit([A / (V · m)], bei 300 K):	$1{,}67 \cdot 10^7$
Elastizitäts- ♦ Kompressions- ♦ Schermodul (GPa):	209 ♦ 180 ♦ 75
Vickers-Härte ♦ Brinell-Härte (MPa):	1043 ♦ 470-3000
Mohs-Härte	5,0
Schallgeschwindigkeit (longitudinal, m/s, bei 293,15 K):	4720
Dichte (g / cm^3, bei 293,15 K)	8,9
Molares Volumen (m^3 / mol, im festen Zustand):	$6{,}67 \cdot 10^{-6}$
Wärmeleitfähigkeit [W / (m · K)]:	100
Spezifische Wärme [J / (mol · K)]:	24,81
Schmelzpunkt (°C ♦ K):	1495 ♦ 1786
Schmelzwärme (kJ / mol)	17,2
Siedepunkt (°C ♦ K):	2900 ♦ 3173
Verdampfungswärme (kJ / mol):	390

Geschichte

Verbindungen des Cobalts kennt man schon sehr lange; eine Verwendung war beispielsweise die Blaufärbung von Glas und Keramik. Der Name leitet sich vom Wort „Kobold" ab, da man glaubte, Geister hätten die nach wertvollen Metallen aussehenden, aber schlecht verarbeitbaren und nach der Verhüttung kein Edelmetall liefernden Cobalterze verzaubert. (Eine ähnliche Stigmatisierung wurde Nickel und Wolfram zuteil.) Die erstmalige Darstellung des Cobaltmetalls gelang Brandt 1735.

Vorkommen

Im Gegensatz zu Eisen ist Cobalt mit einem Anteil an der Erdkruste von ca. 40 ppm ziemlich selten, darin tritt es nur in Form seiner Verbindungen auf. Elementar kommt es nur in sehr geringer Menge in Meteoriten und im Erdkern vor. Cobalt ist Begleiter vieler Minerale des Nickels, Kupfers, Eisens, Silbers und Urans, aber eben nur in niedrigen Konzentrationen. In vielen Mineralen ist Cobalt vertreten, erscheint darin aber meist nur in geringen Mengen.

Zu den wichtigsten Cobalterzen gehören Cobaltit (CoAsS), Linneit und Siegenit (früher fälschlicherweise Cobaltnickelkies genannt $(Co,Ni)_3S_4$), Skutterudit (Speiskobalt, Smaltin, $CoAs_3$) und Heterogenit (CoOOH). In sulfidischen Erzen liegt der Cobaltgehalt nur bei etwa 0,2 %.

Liegen die weltweiten Reserven an Cobalt Schätzungen zufolge bei ca. 25 Mio. t (Shedd 2015), so beträgt die aktuelle jährliche Produktion knapp 120.000 t. Etwa die Hälfte dieser Menge stammt aus der Demokratischen Republik Kongo, wogegen Australien, China, Sambia, Kanada und Russland jeweils nur rund 5 %, also etwa 6000 t, beisteuern.

Gewinnung

Cobalt erzeugt man vorwiegend als Nebenprodukt der Gewinnung von Kupfer und Nickel. Ein erstes Rösten des Erzes wandelt das im Erz ebenfalls enthaltene Eisensulfid in Eisenoxide um, die man durch Zugabe von Siliciumdioxid (Quarzsand) zu Eisensilikatschlacke umsetzt. Der Rückstand, auch Rohstein genannt, enthält Cobalt und auch Nickel, Kupfer und restliches Eisen in Form ihrer Sulfide oder Arsenide.

Ein nachfolgender Röstprozess, unter Beigabe von Natriumcarbonat und -nitrat, oxidiert im Wesentlichen Sulfid zu Sulfat und Arsen zu Arsenat; diese Oxoanionen laugt man mittels Wasser aus. Die Oxide der oben genannten Metalle bleiben zurück und werden mit starker Mineralsäure (Salz- oder Schwefelsäure) behandelt. Kupferoxid löst sich in diesen nicht und wird daher von den anderen Metallen, deren Oxide in diesen Säuren löslich sind, abgetrennt. Die Zugabe von Chlorkalk fällt selektiv Cobalt in Form seines Hydroxids aus, das man anschließend erhitzt, wobei sich Cobalt-II,III-oxid (Co_3O_4) bildet. Jenes reduziert man dann mit Koks oder Aluminiumpulver zu metallischem Cobalt.

Eigenschaften

Physikalische Eigenschaften: Das stahlgraue, sehr harte und zähe Schwermetall besitzt eine gegenüber Eisen nochmals höhere Dichte von 8,89 g/cm^3 (Holleman et al. 2007, S. 1682). Cobalt ist ferromagnetisch mit einer Curie-Temperatur von 1150 °C. Das Metall tritt in Form zweier Modifikationen, α-Cobalt und β-Cobalt, auf. Unterhalb einer Temperatur von 400 °C ist α-Cobalt stabiler, das hexagonal-dichtest kristallisiert. Wird es weiter erhitzt, so bildet sich die β-Form mit kubisch-flächenzentrierter Struktur. Cobalt leitet Strom und Wärme gut.

Cobalt ist ein Reinelement, da es in der Natur nur in Form des Isotops $^{59}_{27}Co$ vorkommt. Man kennt inzwischen aber insgesamt 28 Isotope und 10 weitere Kernisomere mit Massenzahlen von 47 $\left(^{47}_{27}CO\right)$ bis 74 $\left(^{74}_{27}CO\right)$. Von den radioaktiven Isotopen ist das langlebigste auch das technisch wichtigste: $^{60}_{27}Co$ („Cobalt 60"), ein β-Strahler mit einer Halbwertszeit von 5,24 Jahren. Dessen erstes Zerfallsprodukt ist das Nickelisotops $^{60}_{28}Ni$, das aber hierbei in Form eines zweifach angeregten Zustandes anfällt. Unter Emission von γ-Strahlung zweier unterschiedlicher Energien (1,17 bzw. 1,33 MeV) geht $^{60}_{28}Ni$ in seinen Grundzustand über. Daher verwendet man $^{60}_{27}Co$ als γ-Strahler zur Sterilisierung oder Konservierung von Lebensmitteln, zur Untersuchung von Material (Durchleuchtung) und in der Krebstherapie. Der Einsatz anderer Isotope wie $^{57}_{27}Co$ oder $^{58}_{27}Co$ als Tracer wird in der Medizin ebenfalls praktiziert.

Das in größeren Mengen benötigte $^{60}_{27}Co$ erhält man ausschließlich durch Bestrahlung von $^{59}_{27}Co$ mit Neutronen. Kleinere Mengen fallen als eines der Produkte der spontanen Kernspaltung schwerer Nuklide, wie beispielsweise $^{252}_{98}Cf$, an. Größere Mengen des Nuklids erzeugt man durch Bestrahlung kleiner Stücke von $^{59}_{27}Co$ mit Neutronen in Kernreaktoren.

Auf dem Höhepunkt der Entwicklung von Kernwaffen diskutierte man den möglichen Einsatz des Isotops $^{60}_{27}Co$ als Wirkungsverstärker. Mit Cobalt ummantelte Sprengkörper sollten im Moment der große Mengen an Neutronen freisetzenden Kernexplosion große Mengen dieses hochaktiven γ-Strahlers bilden. Auf keinen Fall darf radioaktives Cobalt zum Zweck der Herstellung rostfreier Stähle mit nichtaktivem verschmolzen werden, wie es in den 1980er Jahren auf Taiwan geschah (Nuclear Regulation Agency 1984).

Chemische Eigenschaften: Hinsichtlich seines chemischen Verhalten ähnelt es mehr dem Nickel als dem Eisen; verglichen mit letzterem ist es an der Luft durch Ausbildung einer schützenden Passivschicht beständig. Trotz seines schwach unedlen Charakters wird es nur von oxidierenden Säuren (konzentrierte Salpeter- und Schwefelsäure) gelöst. In den meisten seiner Verbindungen tritt es in den Oxidationszahlen +2 und +3 auf, wobei in Salzen +2, in vielen Cobaltkomplexen aber +3 die beständigere Form ist. Es gibt aber Verbindungen, in denen Cobalt alle Oxidationszahlen von −1 bis +5 einnimmt.

Verbindungen

Verbindungen mit Chalkogenen: Cobalt-II-oxid (CoO) ist ein olivgrünes, wasserunlösliches Pulver mit der Dichte 5,7 g/cm^3 und einem Schmelzpunkt von 1935 °C. Es kristallisiert kubisch und ist unterhalb einer Temperatur von 16 °C antiferromagnetisch (Silinsky und Seehra 1981). Die Verbindung wird in trockenem Zustand beim Erhitzen an der Luft zu Cobalt-II, III-oxid oxidiert, wogegen sie in feuchter Luft schon bei Raumtemperatur zu Cobaltoxid-hydroxid [Co(O) OH] übergeht. Cobalt-II-oxid wird selbst gebildet durch Erhitzen metallischen Cobalts an der Luft oder durch Glühen von Cobalt-II-nitrat, -II-hydroxid oder -II-carbonat unter Luftausschluss. Eine technische Verwendung ist die als

Ausgangsstoff zur Herstellung von Pigmenten in der keramischen Industrie (Thénards Blau).

Das schwarze, bei ca. 900 °C unter Abgabe von Sauerstoff schmelzende *Cobalt-II,III-oxid* (Co_3O_4) wird beim Erhitzen von Cobalt-II-oxid an der Luft auf Temperaturen oberhalb von 400 °C gebildet (Holleman et al. 2007, S. 1682–1687). Die Kristallstruktur ist die eines Spinells, worin sich innerhalb einer kubisch-dichtesten Packung von Oxidionen (O^{2-}) die Co^{2+}-Ionen in einem Achtel der tetraedrischen und die Co^{3+}-Ionen in der Hälfte der oktaedrischen Lücken befinden (D'Ans und Lax 1997, S. 388).

Kohle oder reaktive Metallpulver (Magnesium, Aluminium) reduzieren Cobalt-II,III-oxid zu elementarem Cobalt. Die Verbindung ist nur löslich in sauren Sulfatschmelzen und konzentrierter Schwefelsäure. Einsatzgebiete sind das Färben keramischer Massen und Katalysatoren für die Oxidation von Ammoniak zu Salpetersäure (P. E. Hojlund Nielsen und Johansen 1993). Bei technischen Einsätzen ist die Einstufung des Materials als mutagen und krebserregend zu beachten.

Cobalt-III-oxid (Co_2O_3) ist bisher nur in verunreinigter Form bekannt und nahezu unlöslich in Wasser. Der grau-schwarze Feststoff beginnt bei Temperaturen um 900 °C Sauerstoff unter Bildung niederer Colbaltoxide abzuspalten. Durch Einwirkung starker Oxidationsmittel auf Cobalt-II-hydroxid in wässriger Lösung ist die braune, hydratisierte Verbindung darstellbar (Riedel und Janiak 2011, S. 860). Die auf verschiedene Weise durchführbare Entwässerung ist aber nicht quantitativ möglich, ohne dass es zuvor zu einer Abspaltung von Sauerstoff kommt (Holleman et al. 2007, S. 1686). Das Rohprodukt setzt man ebenfalls zum Färben von Glas, Porzellan und Emaille ein (Lautenschläger und Schröter 2007).

Das 1780 von Rinman (1) entdeckte Pigment *Rinmans Grün,* ein türkisgrünes Pulver (vgl. Abb. 5.1), ist eine feste, einphasige Lösung weniger Prozent *Cobalt-II-oxid (CoO)* in *Zinkoxid (ZnO).* Die Co^{2+}-Ionen nehmen dabei Gitterplätze einzelner Zn^{2+}-Ionen in der *hexagonalen* Wurtzit-Struktur des Zinkoxids ein (Hedvall 1913/1914). Ohne Ausscheidung von Cobalt-II-oxid können bis über 6 % der Zink- durch Cobaltionen ersetzt werden (Bates et al. 1966), andere

Abb. 5.1 Rinmans Grün (Zinkgrün). (Oguenther 2011)

Quellen sprechen von bis zu 30 % (Rigamonti 1946). Die Tiefe des Grüntons ist proportional zum Gehalt des Mischoxids an Cobalt, aber auch abhängig von der bei der Herstellung angewandten Glühtemperatur.

Die Darstellung von Rinmans Grün erfolgt durch Glühen eines innigen Gemischs leicht zersetzlicher Zink- und Cobaltsalze, beispielsweise Nitrate, Carbonate oder Oxalate. Diese Reaktion dient auch zum Nachweis des Vorhandenseins von Zinksalzen, bei dem die Probe auf einer Magnesiarinne mit einer kleinen Menge einer wässrigen Lösung von Cobalt-II-nitrat schwach geglüht wird. Ist Zink zugegen, färbt sich die Schmelze grün.

Leider weisen die meisten Lehrbücher Rinmans Grün fälschlicherweise eine Spinellstruktur der Zusammensetzung $ZnCo_2O_4$ zu. Exakt ausgedrückt, kristallisiert es in der hexagonalen Wurtzit-Struktur des Zinkoxids, im Unterschied zum grünschwarzen, kubisch kristallisierenden Zink-Cobalt-Spinell derselben Summenformel (Riedel und Janiak 2011, S. 763). Rinmans Grün setzt man vorwiegend zur Herstellung von Öl- und Zementfarben ein. Der Einsatz in magnetischen Halbleiterspeichern und Lasern wird gegenwärtig geprüft (Snure et al. 2009; Kittilstved et al. 2006).

Thénards Blau ist ebenfalls ein Spinell *(Cobaltaluminat, Cobaltblau $CoAl_2O_4$)*, das schon sehr lange als blauer Farbstoff hoher Deckkraft zum Färben von Porzellan und Glas verwendet wird (vgl. Abb. 5.2). Die Bildung von Thénards Blau ist einer der Nachweise für Aluminium.

Die hohe Deckkraft, verbunden mit einer ausgeprägten Brillanz, bewirkt, dass dieser Farbton jenseits des Standardfarbraumes (CMYK) liegt und nur von leistungsfähigen Farbdruckern in etwa wiedergegeben werden kann. Thénards Blau bewahrt darüber hinaus auch über lange Zeit seine Farbechtheit, weshalb es in Malfarben, sogar in Lacken und Fassadenfarben eingesetzt wird (Wehlte 1967; Roy 1985 und 2007).

In der Analytik setzt man mit Kobaltblau gefärbtes Glas (Kobaltglas) zum Herausfiltern des intensiv gelben Lichtes ein, das eine in eine Brennerflamme eingebrachte Probe auch dann schon aussendet, wenn in ihr Spuren von Natriumionen enthalten sind. So wird die Detektion solcher Elemente möglich, die weniger intensiveres und/oder schwächeres Licht aussenden, wie beispielsweise Kalium.

Abb. 5.2 Cobaltblau (Colorindex PB 28). (FK1954 2010)

Cobalt-II-sulfid (CoS), das auch natürlich als Mineral Jaipurit vorkommt, existiert in Form zweier Modifikationen. α-Cobalt(II)-sulfid ist ein schwarzes, in Salzsäure lösliches Pulver, das an der Luft zu Cobalt-III-hydroxidsulfid [Co(OH)S] und bei Temperaturen um 1120 °C zu schmelzen beginnt. oxidiert welches in Salzsäure löslich ist und an Luft Co(OH)S bildet. α-Cobalt-II-sulfid erzeugt man durch Einleiten von Schwefelwasserstoff in eine wässrige Lösung von Cobalt-III-nitrat (Brauer 1981, S. 1667).

Das ebenfalls wasserunlösliche β-Cobalt-II-sulfid dagegen kann man durch Reaktion der Elemente miteinander oder aber durch Einleiten von Schwefelwasserstoff in eine essigsaure wässrige Lösung von Cobalt-II-chlorid herstellen. Die Verbindung ist im Unterschied zur α-Modifikation grau, nicht schwarz, kristallisiert im Nickelarsenid-Typ und weist einen leichten, etwas schwankenden Überschuss an Schwefel auf (Zusammensetzungen von $CoS_{1,04}$ bis $CoS_{1,13}$ wurden beobachtet) (Brauer 1981, S. 1667).Man setzt Cobalt-II-sulfid als Katalysator bei unter Druck durchgeführten Hydrierungen organischer Moleküle ein.

Verbindungen mit Halogenen: Cobalt-II-fluorid (CoF_2) ist ein rosenroter Feststoff (vgl. Abb. 5.3), der bei einer Temperatur von 1200 °C schmilzt (Siedepunkt der Flüssigkeit: 1400 °C), im Rutilgittertyp kristallisiert (Costa et al. 1993) und wenig wasserlöslich ist (Carter 1928). Man erzeugt die Verbindung durch Umsetzung von Cobalt-II-chlorid oder -carbonat mit Flusssäure (Brauer 1975, S. 275). Verwendung findet Cobalt-II-fluorid als Katalysator bei der Synthese von Perfluorkohlenwasserstoffen.

Das mit einer Temperatur von 927 °C ebenfalls hoch schmelzende *Cobalt-III-fluorid (CoF_3)* stellt man durch Reaktion von Fluor mit Cobalt-II- oder -III-verbindungen her (Brauer 1975, S. 276). Das hellbraune Pulver färbt sich infolge Hydrolyse an feuchter Luft sofort dunkel und muss daher unter Luftausschluss aufbewahrt werden. Mit Wasser reagiert es unter oxidativer Hydrolyse und Bildung von Sauerstoff sowie Cobalt-II- und -III-hydroxid. Die Verbindung kristallisiert in einem Schichtgitter, ähnlich wie Vanadium-III-fluorid (Holleman et al. 2007, S. 1684). Cobalt-III-fluorid wird, wie auch Cobalt-II-fluorid, als Katalysator zur Synthese von Fluorcarbonen verwendet (Sandford 2003; Sitzmann 2006).

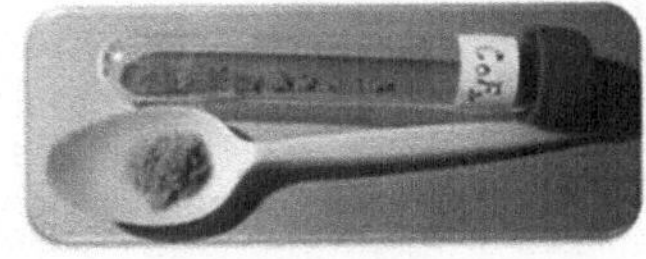

Abb. 5.3 Cobalt-II-fluorid. (Ondřej Mangl 2007)

Cobalt-II-chlorid ($CoCl_2$) stellt man entweder aus den Elementen her oder aber durch Erhitzen des Hexahydrates in Gegenwart von Chlorwasserstoff, Phosgen oder Thionylchlorid (Brauer 1981, S. 1660). Das wasserfreie, blaue, trigonal im Cadmiumchloridtyp kristallisierende Salz (Schmelzpunkt: 735 °C, Siedepunkt: 1049 °C) ist hygroskopisch und ändert bei der Hydratisierung seine Farbe nach rosa (Holleman et al. 2007; S. 1685) (vgl. Abb. 5.4 und 5.5).

Dieser Farbwechsel begründete seine Verwendung als Beimischung zu Trockenmitteln, um den Feuchtigkeitsgehalt anzuzeigen. Auch in Geheimtinte wurde es eingesetzt, denn die nahezu farblose Schrift auf einem Blatt Papier erschien blau, wenn jenes, zum Beispiel über einer Kerze, erhitzt wurde. Ein Zusatz von Cobalt-II-chlorid zur in Bleiakkumulatoren als Elektrolyt verwendeten Schwefelsäure erhöht die Lebensdauer der Batterie.

Beim Umgang mit der Substanz ist zu beachten, dass diese seit 2011 als krebserregend, fruchtschädigend und kontaktallergen (Zug et al. 2009) eingestuft ist. Interessanterweise fördert es, wie auch die Ionen des im Periodensystem benachbarten Eisens, die Bildung roter Blutkörperchen (Ernst und Jelkmann 2012).

Das grüne, bei einer Temperatur von 678 °C schmelzende *Cobalt-II-bromid* ($CoBr_2$) ist ebenfalls stark wasseranziehend und geht dabei in das rote Hexahydrat über. Man erzeugt es durch Umsetzung der Elemente miteinander, durch Erhitzen des Hexahydrates auf Temperaturen ab 130 °C, durch Stehenlassen über konzentrierter Schwefelsäure (Entwässerungsmittel) und durch Entwässern des Cobalt-II-acetat-Tetrahydrates mit Acetylbromid (Riedel 2004, S. 834; Brauer 1981, S. 1681; Perry 2011, S. 483). Die Kristallstrukturen einiger Hydrate des Cobalt-II-bromids wurden schon vor langer Zeit beschrieben (Morosin 1967). Technische Verwendung findet die Verbindung als Katalysator bei einigen Oxidationsreaktionen.

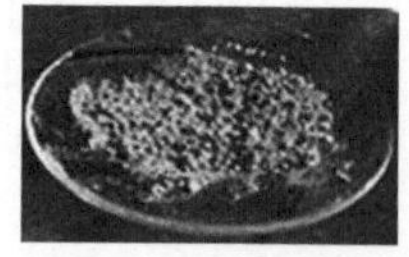

Abb. 5.4 Cobalt-II-chlorid, wasserfrei. (Walkerma 2005)

Abb. 5.5 Cobalt-II-chlorid-Hexahydrat. (Benjah-bmm27 2007)

Cobalt-II-iodid (CoI_2) tritt in Form zweier Modifikationen auf, von denen das bei 515 °C schmelzende, schwarze, sehr hygroskopische α-Cobalt-II-iodid die stabilere ist. Man gewinnt die wasserfreie Substanz durch Reaktion von Cobalt mit Iodwasserstoff, das Hexahydrat durch Umsetzung von Cobalt-II-salzen mit konzentrierter wässriger Iodwasserstoffsäure (Brauer 1994, S. 222).

α-Cobalt-II-iodid ist leicht löslich in Wasser und kristallisiert trigonal im Cadmiumiodid-Typ. Die dunkelroten Kristalle des Hexahydrats und auch niederer Hydrate lassen sich durch vorsichtiges Erhitzen bis zu einer Temperatur von 130 °C ohne Hydrolyse entwässern (Nicholls 2013). Wird die α-Modifikation im Hochvakuum sublimiert, so bildet sich ockergelbes, sich in Wasser farblos lösendes β-Cobalt-II-iodid. Jenes ist metastabil und erleidet beim Erhitzen auf Temperaturen um 400 °C wieder Rückbildung zur schwarzen α-Modifikation.

Sonstige Verbindungen: Das in wasserfreiem Zustand violette, als Heptahydrat hellviolette bis karminrote *Cobalt-II-sulfat ($CoSO_4$)* bildet je nach Hydratisierungsgrad verschiedene Kristallstrukturen (Dunitz und Pauling 1965) (vgl. Abb. 5.6). Die Verbindung ist durch Auflösen von Cobalt oder Cobalt-II-oxid in Schwefelsäure darstellbar. Man setzt es unter anderem zur Herstellung von Glasuren, in der Porzellanmalerei, als Toner im Fotodruck und in galvanischen Bädern ein.

In den 1960er Jahren gaben es nordamerikanische Brauereien, unter Einhaltung der damals gesetzlich zulässigen Konzentrationsgrenzen, dem Bier zum Stabilisieren des Schaums zu. Die kurz darauf publizierten, etwa 120 Fälle schwerer Schädigungen des Herzmuskels und der Leber, die fast zur Hälfte tödlich verliefen, führten nahezu augenblicklich zur Einstellung dieses Brauverfahrens. Cobalt-II-sulfat ist nicht nur giftig, sondern auch als krebserregend eingestuft (Thomas 1996).

Cobalt-II-nitrat [$Co(NO_3)_2$] ist sehr gut löslich in Wasser (1330 g/L bei 0 °C!) und wird durch Auflösen von Cobalt, Cobalt-II-oxid oder -II-carbonat in verdünnter Salpetersäure hergestellt. Das braunrote Hexahydrat kristallisiert monoklin, daneben existieren weitere hydratisierte Formen (Ribár et al. 1976). In der anorganischen Analyse schmilzt man es mit dem zu analysierenden Gemisch auf der Magnesiarinne; in der Probe vorhandenes Zink bildet Rinmans Grün ($ZnCo_2O_4$)

Abb. 5.6 Cobalt-II-sulfat. (Tmv23 2009)

und Aluminium Thénards Blau (Al_2CoO_4). Zudem findet es zur Produktion von Buntpigmenten und zur Färbung keramischer Materialien Verwendung. Cobalt-II-nitrat ist ebenfalls krebserregend und erbgutverändernd.

Das stark oxidierend wirkende, grüne. hygroskopische *Cobalt-III-nitrat* $[Co(NO_3)_3]$ ist durch Umsetzung von *Cobalt-III-fluorid* (CoF_3) mit *Stickstoff-V-oxid* (N_2O_5) bei Temperaturen um −70 °C zugänglich (Brauer 1981, S. 1674). Es reagiert mit Wasser unter Entwicklung von Sauerstoff (!) und oxidiert brennbare organische Verbindungen heftig, manchmal auch explosionsartig. In Kohlenstofftetrachlorid ist es einigermaßen unzersetzt löslich.

Dicobaltcarbid (Co_2C) ist ein metallischer, grauer Feststoff der Dichte 7,74 g/cm^3, den man durch Überleiten von Kohlenmonoxid über fein verteiltes Cobalt bei Temperaturen oberhalb von 200 °C erhält (Brauer 1981, S. 1674). Die bereits bei schwachem weiteren Erhitzen wieder zerfallende Verbindung kristallisiert orthorhombisch, kann aber bei stärkerem Erhitzen unter Inertgas in eine Modifikation hexagonaler Kristallstruktur übergehen (Zhao et al. 2012). Dicobaltcarbid wird zwischenzeitlich bei der Fischer-Tropsch-Synthese gebildet, wenn cobalthaltige Katalysatoren eingesetzt werden, und hat Einfluss auf die Art und Menge der Reaktionsprodukte (Davis und Occelli 2010; Xiong et al. 2005).

Neben Dicobaltcarbid gibt es auch das *Tricobaltcarbid* (Co_3C), das aber nur im Temperaturbereich zwischen 500 und 800 °C beständig ist.

Anwendungen

Cobalt und seine Verbindungen finden seit langem Anwendung in hitzebeständigen Pigmenten sowie zur Bemalung von Porzellan und Keramik. Gläser werden mit Thénards Blau gefärbt. Cobalt erhöht als Legierungsbestandteil von Stählen deren Verschleiß- und Hitzefestigkeit und wird ebenfalls in Sinter- und Diamantwerkstoffen eingesetzt. Seine magnetischen Eigenschaften bedingen die Anwendung in Datenträgern. Cobaltverbindungen dienen bei organischen Synthesen oft als Katalysatoren und beschleunigen darüber hinaus das Abbinden (Trocknen) von Farben und Lacken. Der Lithium-Cobaltoxid-Akkumulator enthält genanntes Material als Kathode, Grafit als Anode und aprotische Lösungsmittel wie Kohlensäureester als Elektrolyt. Er wird auch heute noch in vielen Geräten des täglichen Gebrauchs verwendet.

Physiologie, Toxizität

Empfohlen wird für einen Erwachsenen eine tägliche Aufnahme von 0,1 µg Cobalt als Spurenelement. Enthalten ist Cobalt im essenziellen Vitamin B 12 (Cobalamin) (Hausmann 1955; Ekmekcioglu und Marktl 2006). Ein Mangel an diesem Vitamin kann zu Anämie führen (Löscher et al. 2006), aber es gibt genügend Vitamin-B12-haltige Vitaminpräparate im Handel. Nutztieren wie Kühen werden cobalthaltige Wirkstoffe dem Futter beigemischt, um einem Mangel vorzubeugen (Puchstein et al. 2010; Thomas 1996).

Kleine Überdosen an Cobalt sind für den Menschen unkritisch, größere Mengen (ab ca. 25 mg/d) können die inneren Organe jedoch stark schädigen. Cobaltverbindungen wurden und werden immer noch von Sportlern eingenommen, um die Bildung roter Blutkörperchen zu steigern.

Analytik
In der qualitativen Analyse dient die blaue Phosphorsalzperle als ziemlich aussagekräftige Vorprobe auf Cobalt. Im Kationentrennungsgang weist man es als blaues Cobalt-II-rhodanid [$Co(SCN)_2$] nach. Quantitativ titriert man Cobalt-II-ionen in wässriger Lösung mit EDTA gegen Murexid (Naumov et al. 2013).

5.2 Rhodium

Symbol:	Rh		
Ordnungszahl:	45		
CAS-Nr.:	7440-16-6		
Aussehen:	Silberweiß glänzend	Rhodium, Barren (Evonik Degussa GmbH, 2016)	Mechanisches Uhrwerk Committi, rhodiniert (Wempe KG, 2016)
Entdecker, Jahr	Wollaston (Vereinigtes Königreich), 1803		
Wichtige Isotope [natürliches Vorkommen (%)]	Halbwertszeit	Zerfallsart, -produkt	
$^{103}_{45}$Rh (100)	Stabil	-----	
Massenanteil in der Erdhülle (ppm):		0,001	
Atommasse (u):		102,91	
Elektronegativität (Pauling ♦ Allred&Rochow ♦ Mulliken)		2,28 ♦ K. A. ♦ K. A.	
Normalpotential: $Rh^{3+} + 3\,e^- \rightarrow Rh$ (V)		0,76	
Atomradius (berechnet) (pm):		135 (176)	
Van der Waals-Radius (pm):		Keine Angabe	
Kovalenter Radius (pm):		142	
Ionenradius (Rh^{3+}/ Rh^{4+}/ Rh^{5+} pm)		81 / 74 / 69	
Elektronenkonfiguration:		[Kr] $4d^8\,5s^1$	

Ionisierungsenergie (kJ / mol), erste ♦ zweite ♦ dritte:	720 ♦ 1740 ♦ 2997
Magnetische Volumensuszeptibilität:	$1.7 \cdot 10^{-4}$
Magnetismus:	Paramagnetisch
Kristallsystem:	Kubisch-flächenzentriert
Elektrische Leitfähigkeit([A / (V • m)], bei 300 K):	$2{,}33 \cdot 10^{7}$
Elastizitäts- ♦ Kompressions- ♦ Schermodul (GPa):	380 ♦ 275 ♦ 150
Vickers-Härte ♦ Brinell-Härte (MPa):	1100-8000 ♦ 980-1350
Mohs-Härte	6,0
Schallgeschwindigkeit (longitudinal, m/s, bei 293,15 K):	4700
Dichte (g / cm^3, bei 293,15 K)	12,38
Molares Volumen (m^3 / mol, im festen Zustand):	$8{,}28 \cdot 10^{-6}$
Wärmeleitfähigkeit [W / (m • K)]:	150
Spezifische Wärme [J / (mol • K)]:	24,98
Schmelzpunkt (°C ♦ K):	1964 ♦ 2237
Schmelzwärme (kJ / mol)	21.7
Siedepunkt (°C ♦ K):	3727 ♦ 4000
Verdampfungswärme (kJ / mol):	531

Geschichte

Rhodium wurde zusammen mit drei weiteren Platinmetallen (Palladium, Iridium und Osmium) 1803 in einem südamerikanischen Rohplatinerz von den britischen Chemikern Tennant, Wollaston und Hyde entdeckt. Nach dem Lösen des Erzes in Königswasser blieb ein aus Osmium und Iridium bestehender Rückstand übrig. Die Zugabe von Zinkpulver zur wässrigen Phase fällte neben Blei und Kupfer auch Rhodium. Die ersten beiden wurden durch verdünnte Salpetersäure wieder gelöst. Der rhodiumhaltige Rückstand wurde erneut in Königswasser aufgenommen, wobei sich *Rhodium-III-chlorid ($RhCl_3$)* in der wässrigen Lösung bildete. Zusatz von Natriumchlorid ergab Natriumhexachlororhodat-III (Na_3RhCl_6), das beim Eindunsten der Flüssigkeit als rosarotes Salz zurückblieb. Extraktion mit Ethanol und folgende Reduktion mit Zink ergab gereinigtes Rhodiummetall. Die Namensgebung erfolgte nach der rosenroten Farbe vieler Verbindungen des Rhodiums.

Vorkommen

Rhodium gehört zusammen mit Rhenium, Ruthenium und Iridium zu den seltensten nicht radioaktiven Elementen in der kontinentalen Erdkruste und besitzt darin einen Anteil von 1 ppb. Das Metall kommt in der Natur elementar (gediegen) vor, wie beispielsweise in den USA (Montana und Alaska). Meist tritt es vergesellschaftet mit anderen Edelmetallen auf. Zudem findet man sehr selten auch Rhodiumminerale wie Bowieit, Genkinit oder Miassit, die für die technische Produktion aber ohne Bedeutung sind. Meist tritt Rhodium als Begleiter sulfidischer Nickel-Kupfer-Erze auf, die meist in Sibirien, Südafrika und Kanada abgebaut werden, oder aber in lateinamerikanischen Edelmetalllagerstätten.

Gewinnung
Die Gewinnung reinen Rhodiums ist wie die der anderen Platinmetalle kosten- und zeitaufwendig. Generell bedingt die chemische Ähnlichkeit und die Reaktionsträgheit der Platinmetalle schon eine schwierige Trennung unter sich, gar nicht zu reden von anderen Begleitmetallen, die im Zuge des Reindarstellungsverfahrens ebenfalls abgetrennt werden müssen. Der bei der technischen Herstellung von Kupfer oder Nickel anfallende Anodenschlamm ist in der Regel der Ausgangsstoff zur Gewinnung von Rhodium. Jenen behandelt man mit Königswasser, wodurch Gold, Platin und Palladium gelöst werden, aber Ruthenium, Osmium, Rhodium und Iridium sowie Silber als Silberchlorid ungelöst bleiben. Das Silberchlorid überführt man durch Erhitzen mit Bleicarbonat und Salpetersäure in leicht wasserlösliches Silbernitrat und kann Silber so abtrennen.

Den verbleibenden Rückstand schmilzt man mit Natriumhydrogensulfat, wodurch sich nur Rhodium in Form seines *Sulfats* $[Rh_2(SO_4)_3]$ löst. Jenes wird mit Wasser ausgelaugt.

Zugabe von Natronlauge fällt *Rhodium-III-hydroxid* $[Rh(OH)_3]$, das danach mit Salzsäure aufgenommen wird. Zum in Lösung befindlichen *Rhodium-III-chlorid* $(RhCl_3)$ gibt man anschließend Natriumnitrit und Ammoniumchlorid zu, was zur Fällung des Rhodiums als Nitritokomplex $[(NH_4)_3Rh(NO_2)_6]$ führt. Diesen trenn man ab und digeriert ihn dann mit Salzsäure, wobei sich lösliches *Ammoniumhexachlororhodat-III* $[(NH_4)_3RhCl_6]$ bildet. Dessen Lösung dampft man ein und leitet Wasserstoff über das erhitzte Salz; dabei wird das chemisch gebundene zu elementarem Rhodium reduziert.

Aktuell schwankt die jährliche, weltweite Produktion um die 30 t Rhodium, wofür die Aufarbeitung automobiler Abgaskatalysatoren ein großen Teil beisteuert. Der eindeutig größte, aus natürlicher Produktion gewonnene Teil stammt aus Südafrika (etwa 75 % der gesamten Produktionsmenge), mit großem Abstand folgen Russland, Kanada und Simbabwe. Vor der im zweiten Halbjahr 2008 beginnenden weltweiten Wirtschaftskrise erreichte der Preis für eine Feinunze (31 g) Rhodium die spekulative Höhe von mehr als 10.000 US$, heute kostet dieselbe Menge 675 US$ (15. September 2016, Börse online).

Eigenschaften

Physikalische Eigenschaften: Rhodium ist ein silberweißes, hoch schmelzendes, hartes Edelmetall, das aber gleichzeitig dehnbar und durch Hämmern bearbeitbar ist. Sein Schmelzpunkt (1964 °C) liegt zwischen denen seiner rechten und linken Nachbarn im Periodensystem, Ruthenium (2334 °C) und Palladium (1555 °C), ebenso die im Bereich von 12–13 g/cm^3 liegende Dichte.

Rhodium, das in einer kubisch-dichtesten Kugelpackung kristallisiert, besitzt von allen Platinmetallen die höchste Wärme- und elektrische Leitfähigkeit. Natürlich vorkommendes Rhodium ist ein Reinelement, das es ausschließlich das Isotop $^{103}_{45}$Rh enthält. Insgesamt kennt man von Rhodium 33 Isotope sowie weitere 20 Kernisomere. Die künstlich hergestellten, radioaktiven Isotope sind mit Halbwertszeiten von maximal einigen Jahren kurzlebig. Das Isotop $^{103}_{45}$Rh (Halbwertszeit: ca. 36 h) setzt man als Tracer ein.

Chemische Eigenschaften: Rhodium ist nach Iridium das reaktionsträgste Metall überhaupt. Selbst mit Sauerstoff oder Chlor reagiert es erst bei Temperaturen oberhalb von 600 °C unter Bildung von *Rhodium-III-oxid* (Rh_2O_3) bzw. *Rhodium-III-chlorid* ($RhCl_3$). Auch Fluor greift nur erhitztes Rhodium an, dann geht die Reaktion allerdings gleich zum *Rhodium-VI-fluorid* (RhF_6). Mineralsäuren greifen das Metall nicht an, lediglich Königswasser – und konzentrierte Schwefelsäure – lösen sehr fein verteiltes Rhodiumpulver langsam auf. Durch Zusammenschmelzen mit Cyaniden, Kaliumdisulfat, Natriumhydrogensulfat und Natriumcarbonat kann man das Metall ebenfalls in eine chemisch gebundene, lösliche Form überführen.

Verbindungen

Für Rhodium findet man in seinen Verbindungen alle Oxidationsstufen von − 1 bis + 6, wobei + 3 am stabilsten ist. Die niedrigeren Stufen erscheinen oft in Carbonyl-, Cyano oder Phosphankomplexen des Rhodiums.

Verbindungen mit Halogenen: Rhodium-VI-fluorid (RhF_6) stellt man durch Reaktion von Rhodium mit überschüssigem Fluor her. Der schwarze, kristalline Feststoff schmilzt bei einer Temperatur von 70 °C; die Flüssigkeit siedet bei 75 °C. Die Substanz kristallisiert orthorhombisch; im Kristallgitter liegen RhF_6-Oktaeder vor (Seppelt et al. 2006).

Rhodium-III-fluorid (RhF_3) ist ein roter, trigonal kristallisierender (Hepworth et al. 1957), in Rhomben vorliegender Feststoff der Dichte 5,4 g/cm^3, der bei Temperaturen oberhalb von 600 °C zu sublimieren beginnt. Die Verbindung ist unlöslich in Wasser sowie verdünnten Säuren und Basen und wird durch Umsetzung von Rhodium mit Fluor bei etwa 600 °C gewonnen (Brauer 1975, S. 280; Riedel und Janiak 2011, S. 876).

Wasserfreies *Rhodium-III-chlorid ($RhCl_3$)* ist durch Umsetzung trockenen Chlors mit Rhodium im Temperaturbereich von 400–800 °C zugänglich. Man setzt die Verbindung als Katalysator bei verschiedenen organischen Reaktionen ein (Sitzmann 2009). Das rosen- bis braunrote, in Wasser und Säuren unlösliche Pulver schmilzt bei 450 °C; es ist aber auch im Chlorstrom bei Temperaturen um 900 °C sublimierbar. Löst man gelbes Rhodium-III-oxid (Rh_2O_3) in Salzsäure auf, so entsteht das kirschrote, leicht in Wasser lösliche *Rhodium-III-chlorid-Trihydrat ($RhCl_3 \cdot 3\ H_2O$)*, das sich aber beim Erhitzen infolge Hydrolyse zu Rhodium-III-oxid zersetzt.

Rhodium-III-bromid ($RhBr_3$) ist in wasserfreiem Zustand ein rotbrauner, in Form sehr dünner Kristallblättchen der Dichte 5,56 g/cm^3 vorliegender Stoff, den man durch Umsetzung von Rhodium mit Brom oder mit einem aus Brom und Bromwasserstoff bestehenden Gemisch bei Temperaturen um 450 °C erhält (Brauer 1981, S. 1739). Oberhalb von 800 °C zerfällt die Verbindung wieder in die Elemente. Die Substanz kristallisiert monoklin (Paetzold 2009, S. 204) und ist unlöslich in den meisten Medien. Das Hydrat ist aber wasserlöslich.

Rhodium-III-iodid (RhI_3) ist wegen des schwachen Oxidationspotenzials des Iods nicht mehr durch Synthese aus den Elementen zugänglich, kann durch Umsetzung einer wässrigen Lösung von *Trikaliumhexachlorrhodat (K_3RhCl_6)* mit konzentrierter Kaliumiodid-Lösung erhalten werden (Brauer 1981, S. 1740). Die Verbindung bildet schwarze Kristalle monokliner Struktur, die hygroskopisch sind, sich in Wasser aber nur mäßig und in organischen Lösungsmitteln kaum lösen.

Verbindungen mit Chalkogenen: Man kennt insgesamt drei Oxide des Rhodiums, ***Rhodium-III-oxid*** *(Rh_2O_3), -IV-oxid (RhO_2)* und *-VI-oxid (RhO_3)*. Letzteres ist aber nur in der Gasphase im Temperaturbereich von 850 °C bis 1050 °C beständig.

Rhodium-III-oxid ist ein paramagnetisches, schwarzes Pulver, das bei Raumtemperatur in der Korundstruktur kristallisiert, diese aber bei ca. 750 °C in eine **orthorhombische** Form umwandelt (Coey 1970). Es schmilzt bei einer Temperatur von 1100 °C unter Zersetzung und hat die Dichte 8,2 g/cm^3. In wasserfreier Form ist es sowohl durch Verbrennen von Rhodiumpulver an der Luft, aber auch durch Umsetzung wasserfreier Rhodium-III-salze mit Sauerstoff bei ca. 800 °C erhältlich (Wold und Dwight 1993). Es ist weder in Wasser noch in Säuren löslich.

Das Pentahydrat ($Rh_2O_3 \cdot 5\ H_2O$) stellt man durch Zugabe von Natron- oder Kalilauge zu einer Natrium- oder Kaliumhexachlororhodatlösung her (Brauer 1981, S. 1634). Das blassgelbe Pulver ist ebenfalls in Wasser kaum bzw. nicht löslich, wohl aber in verdünnten Mineralsäuren.

Rhodium-IV-oxid (RhO_2) ist in wasserfreiem Zustand schwarz, als Hydrat grün. Letzteres gewinnt man durch Einwirkung von Ozon auf eine wässrige Lösung von Rhodium-III-sulfat oder durch deren anodische Oxidation. Erhitzen von Rhodium-III-oxid unter Druck mit überschüssigem Sauerstoff ergibt wasserfreies Rhodium-IV-oxid (Holleman et al. 2007, S. 1702; Muller and Roy 1968). Die Verbindung kristallisiert tetragonal mit zwei Formeleinheiten pro Elementarzelle (Shannon 1968).

Erhitzt man Rhodium-IV-oxid auf Temperaturen von etwa 850 °C, so entsteht *Rhodium-VI-oxid (RhO_3)*, das aber bei weiterem Erhitzen in die Elemente zerfällt. *Rhodiumsulfid* der Zusammensetzung $Rh_{17}S_{15}$ kommt in Form des kubisch kristallisierenden Minerals Miassit (früher auch: Prassoit) sehr selten in der Natur vor. Bisher fand man von Miassit nur abgerundete Körner eines Durchmessers von knapp 0,1 mm. Der 1981 aufgesuchte Fundort lag in Russland, am Fluss Miass bei Tscheljabinsk; eine Beschreibung des Minerals lieferte eine Gruppe russischer Mineralogen (Britvin et al. 2001). Tatsächlich wurde das Mineral etwa zehn Jahre früher durch Cabri entdeckt, der ihm den Namen Prassoit gab. Dieser Name wurde zwischenzeitlich auch anerkannt, da Cabri aber die Ergebnisse der Analysen nie veröffentlichte, verfiel der Name Prassoit zugunsten dem des Miassits (Lambor et al. 2002).

In der seit 2001 gültigen und von der International Mineralogical Association verwendeten 9. Auflage der Strunz'schen Mineralsystematik befindet sich Miassit in der Klasse der „Sulfide und Sulfosalze" und darin unter „Metallsulfiden, M : S > 1 : 1 (hauptsächlich 2 : 1)" (Strunz und Nickel 2001). Die Systematik nach Dana ordnet Miassit ebenfalls in die Klasse der „Sulfide und Sulfosalze" und darin unter „Sulfidminerale" ein. Weitere Typlokalitäten sind der mittlere Ural, die Thetford Mines in Québec (Kanada), Koumac (Neukaledonien), verschiedene Orte in Südafrika sowie der Platinum Creek (Alaska).

Sonstige Verbindungen: Verbindungen des Rhodiums wurden, wie die des Platins, auf ihre mögliche Eignung zur Krebstherapie untersucht. Gegenanzeige ist die ebenfalls starke Toxizität auf Nieren (Royar und Robinson 1982; Desoize 2004; Katsaros und Anagnostopoulou 2002).

Einige Koordinationsverbindungen (Komplexe) des Rhodiums finden als Katalysator bei technischen Synthesen Verwendung. Der Wilkinson-Katalysator $[Rh(PPh_3)_3Cl]$ (PPh_3 = Triphenylphosphangruppe, das Rhodiumatom besitzt die formale Oxidationsstufe +1) ist ein quadratisch-planarer Komplex, der unter anderem die Hydrierung von Alkenen mit Wasserstoff zu Alkanen katalysiert. Ein teilweiser Ersatz der Triphenylphosphangruppen durch andere Liganden ermöglicht asymmetrische Hydrierungen (Knowles 2002). Dies nutzt man bei der Synthese von L-DOPA (L-3,4-Dihydroxyphenylalanin) aus, einer α-Aminosäure, die im Körper nicht aus Eiweiß, sondern aus Tyrosin mithilfe des Enzyms Tyrosinhydroxylase gebildet wird.

Der Wilkinson-Katalysator wird auch bei der Hydroformylierung verwendet, in deren Verlauf aus Wasserstoff, Kohlenmonoxid und Alkenen Aldehyde entstehen (Elschenbroich 2005).

Einen weiteren Komplex, in dem das Rhodiumatom ebenfalls die Oxidationszahl +1 aufweist und in planar-quadratischer Koordination vorliegt [cis-(Diiododicarbonyl-rhodium-I)$^-$], setzt man seit Ende der 1960er Jahre zur Produktion von Essigsäure aus Methanol nach dem Monsanto-Verfahren ein. Genau genommen wird dieser Komplex unter den bei der Reaktion herrschenden Bedingungen in situ aus einem Rhdium-III-halogenid, Iod bzw. Iodwasserstoff und Kohlenmonoxid erzeugt. Dieser Herstellprozess läuft unter milderen Reaktionsbedingungen ab als vorangegangene Verfahren (Temperatur: 150–200 °C, Druck: 3–6 MPa).

Anwendungen

Rhodium findet sich hauptsächlich in Katalysatoren. In solchen für Fahrzeugmotoren beschleunigen sie die Reduktion von Stickoxiden zu Stickstoff, beim Ostwald-Verfahren die Oxidation von Ammoniak zu Stickstoffmonoxid, um nur wenige Beispiele zu nennen. Öfters ist Rhodium dabei mit anderen Platinmetallen legiert, jedoch hängt dies ganz von der beabsichtigten Syntheseführung und den Preisen für diese Edelmetalle ab.

Platin und Palladium würden in ihrer hypothetischen Funktion als Katalysatoren für Fahrzeugmotoren ein relativ breit gestreutes Spektrum von Stickstoffverbindungen liefern, das von Distickstoffoxid (Lachgas, N_2O) bis hin zu Ammoniak reicht (Votsmeier et al. 2003). Die Verwendung von Rhodium bewirkt dagegen relativ zielsicher die nahezu ausschließliche Bildung ungiftigen, neutralen Stickstoffs.

Die im Ostwald-Verfahren verwendeten, aus einer Platin-Rhodium-Legierung im Mengenverhältnis 9:1 bestehenden Katalysatoren werden in Form von Netzen eingesetzt. Rhodium verbessert die Haltbarkeit der Netze sowie die Ausbeute des Verfahrens (Holleman et al. 2007, S. 1697).

Rhodiummetall gelangt in immer größeren Mengen in Beschichtungen für Spiegel, Brillengestelle, Armbanduhren und auch Schmuck, da es Licht stark reflektiert, chemisch unter Anwendungsbedingungen völlig stabil und auch relativ hart ist. Aus Silber oder auch Weißgold gefertigter Schmuck läuft nach einiger Zeit an; ein Überzug von Rhodium verhindert dies – und verteuert die betreffenden Schmuckgegenstände erheblich. Rhodium bzw. seine Legierung mit Platin findet auch in Heizspiralen oder Thermoelementen Anwendung.

Als Finanzanlage eignet sich Rhodium wie alle Edelmetalle, jedoch unterliegt sein Preis wegen der beispielsweise im Vergleich zu Gold vielfältigen technischen

Einsatzmöglichkeit noch viel stärker spekulativen Schwankungen und macht es daher nur bedingt geeignet für Investoren, die eine sichere Rendite erwarten. Vor allem die Nachfrage aus der Schmuckindustrie nahm in den letzten Jahren stark zu und lag bereits vor einigen Jahren bei oder sogar über der gesamten weltweit produzierten Jahresmenge von rund 25 t. Ende 2015 lag der Preis bei ca. 650 US$ pro Feinunze, aber vor Ausbruch der Wirtschaftskrise 2008 betrug er ein Vielfaches davon.

5.3 Iridium

Symbol:	Ir		
Ordnungszahl:	77		
CAS-Nr.:	7439-88-5		
Aussehen:	Silberweiß glänzend	Iridium, Pulver (Sicius, 2016)	Iridium, 1 Unze lichtbogengeschmolzen (Greenhorn, 2009)
Entdecker, Jahr	Tennant (England), 1804		

Wichtige Isotope [natürliches Vorkommen (%)]	Halbwertszeit	Zerfallsart, -produkt
$^{191}_{77}Ir$ (37,3)	Stabil	-----
$^{193}_{77}Ir$ (62,7)	Stabil	-----

Massenanteil in der Erdhülle (ppm):	0,001
Atommasse (u):	192,217
Elektronegativität (Pauling ♦ Allred&Rochow ♦ Mulliken)	2,2 ♦ K. A. ♦ K. A.
Normalpotential: $Ir^{3+} + 3\ e^- \rightarrow Ir$ (V)	1,156
Atomradius (berechnet) (pm):	130 (180)
Van der Waals-Radius (pm):	Keine Angabe
Kovalenter Radius (pm):	141
Ionenradius (Ir^{4+}, pm)	66
Elektronenkonfiguration:	[Xe] $4f^{14}\,5d^7\,6s^2$
Ionisierungsenergie (kJ / mol), erste ♦ zweite:	880 ♦ 1600
Magnetische Volumensuszeptibilität:	$3{,}8 \cdot 10^{-5}$
Magnetismus:	Paramagnetisch
Kristallsystem:	Kubisch-flächenzentriert
Elektrische Leitfähigkeit([A / (V · m)], bei 300 K):	$1{,}97 \cdot 10^{7}$
Elastizitäts- ♦ Kompressions- ♦ Schermodul (GPa):	528 ♦ 320 ♦ 210

Vickers-Härte ♦ Brinell-Härte (MPa):	1760-2200 ♦ 1670
Mohs-Härte	6,5
Schallgeschwindigkeit (longitudinal, m/s, bei 293,15 K):	4825
Dichte (g / cm^3, bei 293,15 K)	22,56
Molares Volumen (m^3 / mol, im festen Zustand):	$8{,}52 \cdot 10^{-6}$
Wärmeleitfähigkeit [W / (m • K)]:	150
Spezifische Wärme [J / (mol • K)]:	25,1
Schmelzpunkt (°C ♦ K):	2466 ♦ 2739
Schmelzwärme (kJ / mol)	26
Siedepunkt (°C ♦ K):	4130 ♦ 4403
Verdampfungswärme (kJ / mol):	564

Geschichte

Schon vor gut 200 Jahren entdeckte Tennant Iridium, das edelste bzw. reaktionsträgste oder auch korrosionsstabilste aller Metalle, zusammen mit Osmium in dem unlöslichen Rückstand, der nach dem Auflösen von Rohplatin in Königswasser verblieb. Das Element wurde nach den vielfältigen („regenbogenartigen“) Farben benannt, die seine Verbindungen besitzen. Iridium hatte man wegen seiner chemischen Widerstandsfähigkeit und Härte auch als Legierungsbestandteil des Urkilogramms und des Urmeters verwendet, die 1898 im Pariser Bureau International des Poids et Mesures eingelagert wurden.

Vorkommen

Iridium gehört, mit einem Anteil an der kontinentalen Erdkruste von 1 ppb, zusammen mit Rhenium, Rhodium und Ruthenium zu den seltensten, nicht-radioaktiven Metallen. In der Natur kommt es, oft in Flusssanden, elementar in Form kleiner Körner oder legiert als Begleiter des Platins vor; Hauptfundstätten sind Südafrika, das Uralgebiet, Kanada, die Vereinigten Staaten, Tasmanien, Borneo und Japan (vgl. Abb. 5.7). Mit Osmium, seinem linken Nachbarn im Periodensystem der Elemente, tritt es ebenfalls legiert in der Natur auf. Dort findet man entweder Osmiridium oder Iridosmium. Erstes besteht zur Hälfte aus Iridium, der Rest setzt sich aus kleineren Anteilen von Osmium, Platin, Ruthenium und Rhodium zusammen. Iridosmium dagegen enthält relativ viel Osmium (die Hälfte bis zu drei Vierteln) und immer noch ein bis zwei Fünftel seiner Masse an Iridium.

Iridium ist außerdem ein Begleiter von Nickelerzen.

Als gemäß der Alvarez-Hypothese vor 66 Mio. a ein Komet auf der Erde im Gebiet der heutigen Yucatán-Halbinsel Mexikos einschlug, als dessen Folge einer Hypothese zufolge alle nicht vogelartigen Dinosaurier ausstarben, entstand eine

Abb. 5.7 Grenzschicht zwischen Sedimenten aus der Kreidezeit (unten) und dem Paläozän am Raton Pass, Interstate 25, Colorado, Vereinigte Staaten von Amerika (Eozän). Der rote Pfeil weist auf diese Schicht. (Ankman 1992)

Tonschicht mit verhältnismäßig hohem Gehalt an Iridium (Alvarez et al. 1980; Hildebrand et al. 1991; Frankel 1999). Eine andere These behauptet, die Schicht sei zu jener Zeit durch Ausbrüche solcher Vulkane entstanden, denn der Erdmantel enthält wesentlich höhere Konzentrationen an Iridium als die Erdkruste. Infrage kämen hierfür beispielsweise der Piton de la Fournaise (La Réunion, Frankreich) (Ryder et al. 1996; Toutain und Meyer 1989).

Gewinnung

Iridium erhält man meist als Nebenprodukt der industriellen Produktion von Nickel und Kupfer, bei deren Elektroraffination sich Silber, verschiedene Edelmetalle, Selen und Tellur als Anodenschlamm am Boden der Elektrolysezelle sammeln (Loferski 2016). Darauf folgen mehrere Trennungsschritte, die unter anderem das Schmelzen mit Natriumperoxid und nachfolgendes Lösen des Rückstandes in Königswasser bzw. auch das Schmelzen mit Chlorid/Auflösen in konzentrierter Salzsäure bei Gegenwart eines Überschusses von Chlorgas beinhalten. In einem weit fortgeschrittenen Stadium des Trennprozesses fällt man Iridium entweder als *Ammoniumhexachloroiridat-IV* $[(NH_4)_2IrCl_6]$, oder aber man extrahiert das zuvor noch in Lösung befindliche Hexachloroiridat mittels eines kontinuierlichen Flüssig-flüssig-Extraktionsverfahrens mit organischen Aminen (Gilchrist 1943). In allen Fällen steht am Ende die Reduktion des Hexachloroiridats mit Wasserstoff, die das Metall als Pulver oder als Schwamm liefert (Ohriner 2008; Hunt und Lever 1969).

Der Preis für Iridium veränderte sich über eine relativ große Spanne und reagiert empfindlich auf Störungen in der Produktion, Veränderung der Nachfrage, Spekulation sowie nicht zuletzt der politischen Lage in wichtigen Förderländern (Hagelüken 2006). Der vor wenigen Jahren zu beobachtende Anstieg des Preises auf über 1000 US$ pro Feinunze beruhte auf einer stark zunehmenden Produktion von Kristall-LEDs, die in Fernsehgeräte eingebaut werden, und in denen Iridium ebenfalls enthalten ist.

Eigenschaften

Iridium ist ein sehr schweres, hartes, sprödes, silbrigweiß bis gelblich glänzendes Edelmetall. Gegenüber Korrosion ist es das stabilste Element.

Physikalische Eigenschaften: Seine Härte und Sprödigkeit macht Iridium zu einem nur schwer bearbeitbaren Metall. Seine sehr hohe Dichte von 22,65 g/cm^3 ist fast identisch mit der des Osmiums, sodass vereinzelt die Dichten des aus einem einzigen Isotop des jeweiligen Metalls zur Beantwortung der Frage herangezogen wurden, welches von beiden Metallen denn nun dasjenige mit der höchsten Dichte sei. In Deutschland gilt meist Iridium als das dichteste Element, in der englischsprachigen Literatur Osmium (Arblaster 1989; Arblaster 1995).

Iridium ist das einzige Metall, das an der Luft noch bei Temperaturen oberhalb von 1600 °C mechanisch handhabbar ist, ohne sofort zu verbrennen. Es besitzt mit 4130 °C den zehnthöchsten Siedepunkt aller Elemente, besitzt eine gute Leitfähigkeit für Wärme und Strom, wird allerdings erst bei Temperaturen unterhalb von −273,01 °C, also praktisch am absoluten Nullpunkt, zum Supraleiter. Darüber hinaus weist es nach Osmium das zweithöchste Elastizitätsmodul und auch relativ hohe Werte für das Kompressions- und Schermodul auf, was seine außerordentliche Festigkeit bewirkt. Diese macht Iridium wiederum für alle Anwendungen interessant, bei denen hohe Materialfestigkeit erforderlich ist, wogegen der hohe Preis des Metalls steht.

Neben zwei natürlich vorkommenden, stabilen Isotopen ($^{191}_{77}$Ir und $^{193}_{77}$Ir) existieren 34 radioaktive Isotope und 21 Kernisomere. Das Isomer $^{192m2}_{77}$Ir geht mit der nicht langen Halbwertszeit von 241 a durch Umlagerung in $^{192}_{77}$Ir über und ist dabei noch das stabilste (!) aller radioaktiven Isotope des Elements. Jenes $^{192}_{77}$Ir erleidet mit der kurzen Halbwertszeit von 73,831 d – die aber noch die längste der „regulären" radioaktiven Iridiumisotope ist(!) – β-Zerfall zu $^{192m2}_{78}$Pt. Alle anderen radioaktiven Isotope des Elements sind sehr kurzlebig.

Das oben genannte Isotop $^{192}_{77}$Ir emittiert beim Zerfall auch γ-Strahlung einer relativ hohen Energie von ca. 550 keV und findet daher als Durchstrahler bei der Prüfung von Bauteilen einer Dicke von > 2 cm Verwendung (DIN EN 1435). Eine typische, für den Transport geeignete „Iridiumkanone" wiegt 15 bis 20 kg, ist ca. 20 cm lang, 10 cm breit und 15 cm hoch, enthält das Iridium in Form einer kleinen Tablette (Durchmesser: 2–3 mm) in einem Halter eingeschweißt und einen Mantel aus abgereichertem, metallischem Uran zwecks Absorption überschüssiger γ-Strahlung.

Chemische Eigenschaften: Iridium ist an der Luft in kompakten Zustand völlig stabil, löst sich weder in Mineralsäuren noch in Königswasser. Bei Rotglut oxidiert das kompakte Metall unvollständig zu schwarzem *Iridium-IV-oxid* (IrO_2), das aber bei Temperaturen oberhalb von 1140 °C wieder in die Elemente zerfällt. Mit Fluor reagiert es erst bei Temperaturen ab 300 °C, im Falle von Chlor sind für eine direkte Reaktion bereits 600 °C aufzuwenden. In Chloridschmelzen wird es bei Gegenwart von Chlor zu Chlorokomplexen aufgeschlossen, z. B. Dinatriumhexachloroiridat-IV (Na_2IrCl_6).

In den letzten Jahren gelang sensationell die Herstellung von *Iridium-VIII-oxid* (IrO_4) und des *Peroxoiridyl-Kations* [$(IrO_4)^+$], der einzigen bisher beobachteten Verbindung, in denen ein Element mit der Oxidationsstufe +9 auftritt. Üblicherweise nimmt Iridium in seinen Verbindungen Oxidationsstufen von +2, +4 oder – seltener – auch +6 ein. Insgesamt kennt aber man alle Oxidationsstufen des Elements zwischen −1 und +9 (Pyykkö und Xu 2015).

Verbindungen

Verbindungen mit Halogenen: Iridium-VI-fluorid (IrF_6) stellt man durch direkte Umsetzung des Metalls mit überschüssigem Fluor bei Temperaturen um 300 °C her (Brauer 1975, S. 282). Die Verbindung liegt in Form gelber Blättchen oder Nädelchen vor, die orthorhombische Struktur besitzen. Im Kristallgitter befinden sich pro Elementarzelle vier oktaedrische IrF_6-Einheiten (Seppelt et al. 2006). Die Verbindung besitzt die Dichte 5,1 g/cm^3 und schmilzt bzw. siedet bei Temperaturen von 44 °C bzw. 53,6 °C (Lide 2010). Iridium-VI-fluorid ist sehr hygroskopisch, neigt zu heftiger Hydrolyse, ätzt Glas und korrodiert sogar Platin oberhalb einer Temperatur von 400 °C. Es wirkt stark oxidierend und fluoriert sogar Halogene, um selbst in *Iridium-IV-fluorid* (IrF_4) überzugehen.

Iridium-V-fluorid (IrF_5) entsteht durch kontrollierte Zersetzung von Iridium-VI-fluorid oder dessen Reaktion mit Siliciumpulver oder Wasserstoff in wasserfreiem Fluorwasserstoff (Bartlett und Rao 1965; Payne und Asprey 1975). Es ist ebenfalls ein hochreaktiver gelber Feststoff, schmilzt bei 105 °C, und enthält vier Formeleinheiten pro Elementarzelle (Ir4F20), in denen die Iridiumatome jeweils oktaedrisch koordiniert sind.

Iridium-IV-fluorid (IrF_4) ist ein dunkelbrauner Feststoff, der durch Reduktion von Iridium-V-fluorid mit Iridiumpulver oder mit Wasserstoff in wasserfreiem

Fluorwasserstoff dargestellt werden kann (Paine und Asprey 1975). Es war das erste Metall-IV-fluorid mit dreidimensionaler Gitterstruktur; man fand mittlerweile jedoch, dass auch Rhodium-, Palladium- und Platin-IV-fluorid dieselbe Gitterstruktur aufweisen. Auch hierin liegt das Iridium oktaedrisch koordiniert von sechs Fluoratomen vor; jeweils zwei Ecken eines Okateders werden mit dem benachbarten Oktaeder geteilt.

Das wasserfreie, dunkelrotbraune bis schwarze, je nach Modifikation orthorhombisch oder monoklin kristallisierende *Iridium-III-chlorid* ($IrCl_3$) schmilzt bei einer Temperatur von 763 °C, hat die Dichte 5,3 g/cm^3 und ist unlöslich in Wasser. Man stellt es durch Chlorieren von Iridiumpulver bei Temperaturen um 600 °C her.

Das Hexahydrat des *Iridium-III-chlorids* ist dunkelgrün und stark hygroskopisch. Jenes ist nicht nur Ausgangsstoff für die Produktion der meisten anderen Iridiumverbindungen, sondern wirkt auch katalysierend bei diversen organischen Synthesen (Botelho et al. 2011; Tandon et al. 2006/2007/2008). Es ist selbst durch Abrauchen einer Lösung von Ammoniumhexachloriridat-IV $[(NH_4)_2IrCl_6]$ mit einer Mischung von Königswasser und Salzsäure sowie folgender Reduktion, z. B. mit Oxalsäure, zugänglich.

Verbindungen mit Chalkogenen: Iridium-IV-oxid (IrO_2) wird bei der Verbrennung von Iridium in reinem Sauerstoff erzeugt; Luft reicht für eine vollständige Oxidation nicht aus. Alternativ erzeugt man es durch Verbrennen von Iridium-III-chlorid (Brauer 1981, S. 1734). Die Verbindung ist ein schwarzer, geruchloser Feststoff der Dichte 11,7 g/cm^3, der beim Erhitzen an der Luft auf Temperaturen von 1200 °C in das allerdings nur in der Gasphase stabile *Iridium-VI-oxid* (IrO_3) übergeht (Holleman et al. 2007, S. 1702).

Iridium-IV-oxid kristallisiert tetragonal in der Rutil-Struktur. Man nutzt es zur Herstellung von Beschichtungen sowohl von Elektroden, die in der Medizintechnik verwendet werden, als auch von elektrochromen Materialien.

Iridium-VIII-oxid (IrO_4) enthält Iridiumionen in der Oxidationsstufe +8 und wurde erstmals mittels einer bei −267 °C in festem Argon durchgeführten fotochemischen Reaktion dargestellt; bei höheren Temperaturen zerfällt die Verbindung schnell (Riedel et al. 2009).

Vor wenigen Jahren konnte man zum ersten Mal bei einem Element überhaupt die Existenz der Oxidationsstufe +9 mittels Fotodissoziationsspektroskopie nachweisen; entstanden war kurzzeitig das Peroxoiridyl-Kation ($[IrO_4]^+$) (Riedel et al. 2010; Zhou et al. 2014). Hierzu setzte Zhous Gruppe ein in einer Argon/Sauerstoff-Atmosphäre befindliches Iridiumtarget einer Bestrahlung mit gepulstem Laserlicht aus. Die Produkte dieser Reaktion wurden mittels Massenspektrometrie nachgewiesen, darunter auch das (IrO_4^+)-Kation. Dessen stabilstes Isomer besaß die Struktur eines Tetraeders, in dessen Ecken sich die jeweils doppelt an das Iridiumatom gebundenen Sauerstoffatome befanden.

Anwendungen

Elektronikindustrie und angewandte Physik: Der weltweite Bedarf an Iridium stieg in den letzten Jahren deutlich. Dies wurde nicht zuletzt durch die Elektronikindustrie verursacht, weil Tiegel aus Iridium sehr gut zur Erzeugung großer oxidischer Einkristalle nach dem Czochralski-Verfahren geeignet sind (Crookes 1908). Die auf diese Weise erzeugten Einkristalle, die oft in Festplatten von Computern und in Festkörperlasern verbaut werden, besitzen sowohl eine nur sehr geringe Zahl an Strukturfehlern als auch einen äußerst niedrigen Gehalt an Verunreinigungen. Der Bedarf an diesen Einkristallen hat zuletzt stark zugenommen. Zur Gruppe der so produzierten Kristalle gehören unter anderem Gadolinium-Gallium-Granat und Yttrium-Gallium-Granat. Dazu schmilzt man das vorgesinterte Oxidgemisch unter oxidierenden Bedingungen bei Temperaturen, die bis hinauf zu 2100 °C reichen können.

In Röntgenstrahlteleskopen bedampft man das aus Chrom bestehende Substrat optischer Spiegel mit einer sehr dünnen, nahezu atomaren Schicht von Iridium, da das Metall eines der besten Reflexionsmedien für diese Art von Strahlung ist (Ziegler et al. 2001).

Einige Komplexe des Iridiums weisen eine besonders starke Phosphoreszenz auf und werden daher in Lichtdioden und solchen Erzeugnissen eingesetzt, bei denen eine derart kräftige Lumineszenz unverzichtbar ist (Inganäsa et al. 2004; Tonzetich 2002; Schubert et al. 2005).

Zur Vermeidung des Auftretens von Überspannungen und entsprechender Entwicklung von Sauerstoff setzt man bei der Chlorelektrolyse mit geringen Mengen Iridiumoxid beschichtete Titananoden ein (Kintrup et al. 2014).

Legierungsbestandteil zur Erhöhung der Festigkeit und Beständigkeit gegenüber Korrosion: Wichtige Anwendungen sind mit einem heutigen weltweiten Bedarf von mehreren t/a korrosionsbeständige Kontakte in Zündkerzen (Handley 1986); allerdings findet man diese vorwiegend in der Luftfahrt. Reines Iridium ist sehr spröde und hart (Darling 1960; Biggs et al. 2005), kann aber durch Zulegieren geringer Mengen (jeweils etwa 0,2 %) von Titan oder Zirkonium dehnbarer gemacht werden. In Flugzeugen findet man Iridium in Legierungen, die eine besonders hohe Stabilität gegenüber Korrosion sowie auch sehr langlebig sein müssen.

Sein hoher Schmelzpunkt, seine Härte und Beständigkeit gegenüber Korrosion sind fast immer für den möglichen Einsatz des Iridiums verantwortlich, denn sein hoher Preis spricht zunächst eindeutig dagegen. Zur Produktion von

Extruderköpfen bevorzugt man wegen der hohen Verschleißfestigkeit Iridium oder seine Legierungen mit Platin oder Osmium, beispielsweise bei der Herstellung von Kunstfasern (Serkov et al. 1979). Legierungen aus Iridium und Osmium verwendet man gerne zur Produktion von Kompassgehäusen und für Waagen.

Das 1889 gegossene Urmeter besteht aus einer Legierung mit 90 % Platin und 10 % Iridium und wird im International Bureau of Weights and Measures nahe Paris aufbewahrt. Nachdem es seit 1960 nicht mehr als Standardmaß der Länge gilt und in dieser Funktion von einer von einem Kryptonatom emittierten Spektrallinie abgelöst wurde, gilt es aber doch weiterhin als internationaler Standard der Masse (Davis 1985; Jabbour et al. 2001).

Man verkapselt Kernbrennstäbe mit hohem Anteil am Isotop $^{238}_{94}Pu$ mit Iridium, da es Temperaturen bis zu 2000 °C standhält, sehr fest ist und eine große Widerstandsfähigkeit gegenüber chemischen Einflüssen aufweist. In atomgetriebenen unbemannten Raumkörpern der NASA wurde es aus diesem Grund ebenfalls eingesetzt.

Katalysatoren: Der Einsatz von Iridium und seinen Verbindungen als Katalysatoren für diverse organische Synthesen wird immer umfangreicher (Jollie 2011). So dienen Iridiumverbindungen in dem von der BP entwickelten Cativa-Verfahren als Katalysatoren (Cheung et al. 2012).

Iridium wirkt, wie übrigens einige andere Metalle ebenfalls, katalytisch zersetzend auf Hydrazin. Man setzt es in Raketenantrieben schwächeren Schubs ein.

Wird Iridium in Form geringer Mengen einiger seiner organischen Komplexe, wie Carbonyl- oder Hydridokomplexe, einer Reaktionsmischung zugesetzt, kann es auch sehr stabile Bindungen zwischen Kohlenstoff- und Wasserstoffatomen aktivieren, wie sie unter anderem in Alkanen vorliegen. Das Ergebnis ist dann die direkte Alkylierung des Iridiumatoms (Janowicz und Bergman 1982; Hoyano und Graham 1982) (vgl. Abb. 5.8).

Die Möglichkeit, Iridium zur enantioselektiven Hydrierung von Alkenen einzusetzen, wird gegenwärtig geprüft. Eine besonders interessante Zielgruppe einer

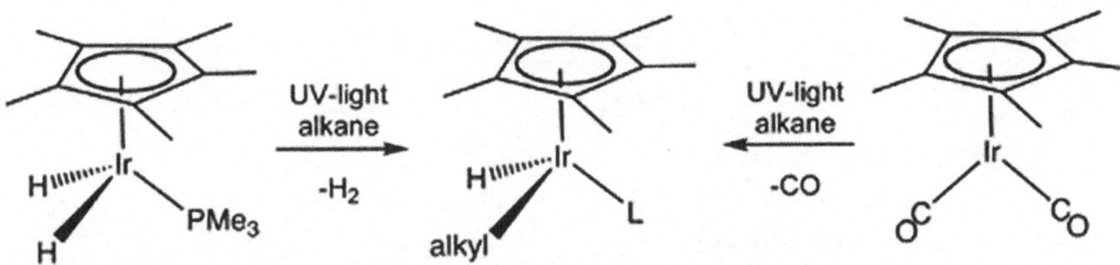

Abb. 5.8 Aktivierung von Alkanmolekülen durch Iridiumhydrido- bzw. -carbonylkomplexe. (Smokefoot 2009)

solchen neuen Reaktionsklasse ist die Möglichkeit der Synthese von Naturstoffen (Källström et al. 2006; Roseblad und Pfaltz 2007).

Radiologie: Wie bereits eingangs erwähnt, findet das radioaktive Isotop $^{192}_{77}$Ir, ein γ-Strahler, Verwendung bei der zerstörungsfreien Prüfung von Werkstoffen Anwendung (Halmshaw 1954; Hellier 2001). Außerdem setzt man dieses Isotop bei der Therapie von Krebs ein und bringt es zu diesem Zweck in oder direkt neben die Körperpartie, die behandelt werden soll.

In der Teilchenphysik nutzt man Iridium zur Produktion von Antiprotonen, indem man ein sehr dichtes Material, beispielsweise ein Iridiumtarget, mit einem Protonenstrahl hoher Intensität beschießt. Iridium hat trotz des wesentlich höheren Preises gegenüber Wolfram den Vorteil, dass es aufgrund seiner sehr hohen Festigkeit stabiler gegenüber den Schockwellen ist, die durch die induzierten Temperatursprünge im Target ausgelöst werden (Möhl 1997).

Historische Anwendungen: Früher bestanden die Spitzen von Füllfederhaltern aus einer Legierung von Iridium und Osmium bzw. Ruthenium. Heute hat meist das billigere Wolfram die Rolle des Iridiums übernommen, ohne dass die Spitzen einen großen Verlust an Stabilität erlitten hätten (Mottishaw 1999). Wegen ihrer Verschleißfestigkeit waren früher jahrzehntelang Legierungen aus Iridium und Platin für die Entlüftungslöcher von Gewehren und Kanonen im Gebrauch (Crookes 1867). Das Pigment Iridiumschwarz, sehr fein verteiltes Iridiumpulver, nahm man in früheren Zeiten wegen seiner äußerst intensiven schwarzen Farbe zum Bemalen von Porzellan; heute führt die Firma Ford einen ihrer Autolacke unter diesem Namen.

5.4 Meitnerium

Symbol:	Mt	
Ordnungszahl:	109	
CAS-Nr.:	54038-01-6	
Aussehen:	----	
Entdecker, Jahr	Armbruster, Münzenberg et al. (Deutschland), 1982	
Wichtige Isotope [natürliches Vorkommen (%)]	Halbwertszeit	Zerfallsart, -produkt
$^{278}_{109}$Mt (synthetisch)	7 s	α > $^{274}_{107}$Bh
$^{276}_{109}$Mt (synthetisch)	0,72 s	α > $^{262}_{107}$Bh
Massenanteil in der Erdhülle (ppm):		-----
Atommasse (u):		(278)
Elektronegativität (Pauling ♦ Allred&Rochow ♦ Mulliken)		Keine Angabe.

Atomradius (berechnet) (pm):	128 *
Van der Waals-Radius (pm):	Keine Angabe
Kovalenter Radius (pm):	129 *
Elektronenkonfiguration:	[Rn] $5f^{14}6d^{7}7s^{2}$
Ionisierungsenergie (kJ / mol), erste ♦ zweite ♦ dritte:	801 ♦ 1824 ♦ 2904 *
Magnetische Volumensuszeptibilität:	Keine Angabe
Magnetismus:	Keine Angabe
Kristallsystem:	Kubisch-flächenzentriert *
Elektrische Leitfähigkeit([A / (V * m)], bei 300 K):	Keine Angabe
Dichte (g / cm^3, bei 293,15 K)	37,4 *
Molares Volumen (m^3 / mol, im festen Zustand):	$7{,}43 \cdot 10^{-6}$
Wärmeleitfähigkeit [W / (m * K)]:	Keine Angabe
Spezifische Wärme [J / (mol * K)]:	Keine Angabe
Schmelzpunkt (°C ♦ K):	Keine Angabe
Schmelzwärme (kJ / mol)	Keine Angabe
Siedepunkt (°C ♦ K):	Keine Angabe
Verdampfungswärme (kJ / mol):	Keine Angabe

* Geschätzte bzw. berechnete Werte

Geschichte

Meitnerium wurde zuerst am 29. August 1982 von einem Forscherteam um Armbruster und Münzenberg der Gesellschaft für Schwerionenforschung in Darmstadt dargestellt, indem man ein Wismuttarget $\left({}^{209}_{83}\mathrm{Bi}\right)$ mit Eisenkernen $\left({}^{58}_{26}\mathrm{Fe}\right)$ beschoss. Dabei konnten die Forscher ein einziges Atom des Meitneriums $\left({}^{266}_{109}\mathrm{Mt}\right)$ erhalten (Münzenberg 1982; Wilkinson 1993):

$$ {}^{209}_{83}\mathrm{Bi} + {}^{58}_{26}\mathrm{Fe} \rightarrow {}^{266}_{109}\mathrm{Mt} + {}^{1}_{0}\mathrm{n} $$

Die Entdeckung wurde 1985 am Vereinigten Institut für Kernforschung in Dubna, Sowjetunion, bestätigt.

Obwohl es in den 1960er und 1970er Jahren unter den Wissenschaftlern viele Kontroversen bezüglich der Namensgebung der Transfermium-Elemente gab, existierte für Element 109 zur damaligen Zeit nur dieser einzige Vorschlag, Meitnerium, der deshalb auch nie umstritten war (Rayner-Canham und Zheng 2007). 1994 schlug die IUPAC diesen Namen vor, der dann drei Jahre später offiziell wurde (IUPAC Recommendations 1994). Damit ehrte man die Verdienste der österreichischen Physikerin Lise Meitner, die in Zusammenarbeit mit Otto Hahn das Protactinium entdeckte (Bentzen 2000; Kyle und Shampo 1981; Frisch 1973; Griffith 2008; Rife 2003).

Vorkommen

Metnerium kommt nicht in der Natur vor und ist nur auf künstlichem Wege durch Kernfusion zugänglich. Alle seine Isotope sind radioaktiv und besitzen sehr kurze Halbwertszeiten.

Eigenschaften

Physikalische Eigenschaften: Bisher konnten insgesamt acht verschiedene Isotope des Elements im Bereich von $^{266}_{109}$Mt bis $^{278}_{109}$Mt hergestellt werden. Entweder gelang dies durch Beschuss schwerer mit leichteren Atomkernen, oder aber Isotope des Meitneriums wurden beim Zerfall noch schwererer Kerne beobachtet. Die meisten der bisher registrierten Kerne des Elementes erleiden α-Zerfall zu Isotopen des Bohriums, andere zerfallen spontan zu leichteren Atomkernen (Sonzogni 2008).

Alle Isotope des Elements sind äußerst instabil, jedoch scheint hier ein erster Effekt der oft prognostizierten „Insel der Stabilität" der Atomkerne mit Ordnungszahlen um 114 aufzutreten: Die schweren Isotope des Meitneriums besitzen längere Halbwertszeiten als die leichteren. Das mit einer Halbwertszeit von 7,6 s stabilste Isotop des Meitneriums ist auch das schwerste ($^{278}_{109}$Mt), wogegen die Stabilität aller anderen Isotope mit Halbwertszeiten < 1 s viel geringer ist (Sonzogni 2008). Es gibt bislang kein Isotop des Meitneriums, das β-Zerfall erleidet; die einzige bisher bekannte Route ist der α-Zerfall oder die spontane Kernspaltung *(Smolańczuk 1997),* da jene Prozesse schnell zu Kernen niedriger Ordnungs- und Massenzahl führen und die Instabilität des Systems somit verringern (Nie 2005).

Die Aussagekraft von Vorhersagen darüber, welche zum Zeitpunkt der Aussage noch unbekannten Isotope nun welche Halbwertszeit hätten, ist aber manchmal gering. Dies gilt auch dann, wenn diese Hypothesen durch relativistische Effekte einbeziehende Berechnungen begründet werden. Insofern steht auch die Hypothese von der zu erwartenden „Insel der Stabilität", also eines Bereiches relativ langlebiger Isotope von Elementen mit Ordnungszahlen ab 114 aufwärts, noch nicht auf festem Boden und konnte bislang erst durch Auffinden einiger Isotope und Messung deren Halbwertszeit punktuell erhärtet werden. Ein geeignetes Beispiel für eine solche gelegentlich auftretende Fehleinschätzung sind die Isotope $^{274}_{109}$Mt bzw. $^{277}_{109}$Mt, für die vor ihrer Entdeckung Halbwertszeiten von 20 s bzw. 1 min vorausgesagt wurden, die aber mit 0,44 s bzw. 5 ms (!) deutlich „unter den Erwartungen" blieben. Man darf gespannt sein, ob die heute noch unbekannten Isotope $^{265}_{109}Mt$, $^{272}_{109}Mt$, $^{273}_{109}Mt$ und $^{279}_{109}Mt$ wirklich die langlebigsten dieses Elementes sein werden, so wie es vorhergesagt wird.

Man erwartet, dass Meitnerium unser Normalbedingungen ein bei Raumtemperatur festes Metall mit kubisch-flächenzentrierter Struktur ist und sich damit wie das leichtere Homologe Iridium verhält. Es sollte ein sehr schweres Metall mit einer Dichte von ca. 37.4 g/cm^3 sein und hinsichtlich der Dichte nur noch von seinem linken Nachbarn im Periodensystem, dem Hassium, übertroffen werden. Verantwortlich hierfür wären neben dem hohen Atomgewicht auch die Lanthanoiden- und Actinoiden-Kontraktion sowie relativistische Effekte. Zu erwarten ist auch, dass Meitnerium paramagnetisch ist (Saito 2009). Der Atomradius sollte bei 128 pm liegen (Fricke 1975) und der kovalente Radius 6 bis 10 ppm größer sein als der des Iridiums (Pyykkö und Atsumi 2009). So schätzt man, dass die Bindungslänge zwischen je einem Atom des Meitneriums und des Sauerstoffs ca. 190 pm beträgt (Van Lenthe und Baerends 2003).

Chemische Eigenschaften: Meitnerium gehört zur 6d-Gruppe der Übergangsmetalle und gleichzeitig, zusammen mit seinen ebenfalls radioaktiven Nachbarn im Periodensystem, Hassium und Darmstadtium, zu den Platinmetallen. Seine Ionisierungspotenziale und Ionenradien liegen in einer Reihe mit denen seiner leichteren Homologen Cobalt, Rhodium und Iridium (Thierfelder et al. 2008).

Zu erwarten ist, dass Meitnerium ein Edelmetall ist, das bevorzugt in den Oxidationsstufen +1, + 3 und +6 auftritt, wenn es denn aufgrund seiner wahrscheinlichen Reaktionsträgheit überhaupt viele Verbindungen bildet. In wässriger Lösung sollte die Oxidationsstufe +3 die beständigste sein (Pershina et al. 2006). Die jüngst für Iridium beobachtete Oxidationsstufe +9 könnte im Falle des Meitneriums für das – hypothetische – Nonafluorid (MtF_9) und das $(MtO_4)^+$-Kation existieren; jedoch dürften diese beiden Spezies äußerst instabil sein (Riedel et al. 2010). Es sollte ferner auch relativ stabile Tetrahalogenide (MtX_4) geben (Ionova et al. 2006).

Verbindungen

Meitnerium ist in der Reihe steigender Ordnungszahlen das erste Element, dessen Chemie noch nicht untersucht wurde. Die Halbwertszeiten seiner Isotope sind sehr kurz, und es fehlte bisher an geeigneten Versuchseinrichtungen, eventuell vorhandene Verbindungen des Meitneriums so zu prüfen, wie dies bei seinen leichteren Homologen bereits gemacht wurde (Düllmann 2012, Eichler 2013).

Verbindungen des Elements mit ausreichend hoher Flüchtigkeit sollten das *Meitnerium-VI-fluorid* (MtF_6) sein; ein flüchtiges *Octafluorid* (MtF_8) scheint ebenfalls möglich. Zur Durchführung chemischer Untersuchungen an

Transactinoiden benötigt man in der Regel vier Atome einer Halbwertszeit von mindestens 1 s, und pro Woche muss mindestens ein neues Atom erzeugt werden. Obwohl das schon bekannte Isotop $^{278}_{109}Mt$ mit einer Halbwertszeit von 7,6 s grundsätzlich hierfür geeignet wäre, besteht die Schwierigkeit darin, dem geprüften Prozess fortlaufend Atome des Elements zuzugeben und die Experimente wochenlang weiterzuführen, damit statistisch belastbare Resultate erhalten werden können. Der Versuch, das eingangs schon genannte Isotop $^{271}_{109}Mt$, das wegen seiner „magischen" Zahl von Neutronen (162) noch das stabilste des Elements sein sollte, hierfür zu verwenden, scheiterte 2003 überraschend (Zielinski 2003).

Versuche, die möglicherweise demnächst mit Verbindungen des Meitneriums geplant sind, werden sich sehr wahrscheinlich an analogen Verbindungen des Iridiums und deren Eigenschaften orientieren, genauso wie dies für *Hassium-VIII-oxid* (HsO_4) und *Osmium-VIII-oxid* (OsO_4) geschah. Wurde Meitnerium bisher zugunsten seiner „interessanteren" Nachbarn bisher vernachlässigt, könnte sich dies in der Zukunft ändern.

Literatur

C.S. Allardyce, P.J. Dyson, Ruthenium in medicine: Current clinical uses and future prospects. Platin. Met. Rev. **45**(2), 62–69 (2001)

L.W. Alvarez et al., Extraterrestrial cause for the cretaceous-tertiary extinction. Science **208**(4448), 1095–1108 (1980)

Ank-man, Foto „Grenzschicht Kreidezeit-Paläozän", 1992

J.W. Arblaster, Densities of osmium and iridium. Platin. Met. Rev. **33**(1), 14–16 (1989)

J.W. Arblaster, Osmium, the densest metal known. Platin. Met. Rev. **39**(4), 164 (1995)

N. Bartlett, P.R. Rao, Iridium pentafluoride. Chem. Commun. **12,** 252–253 (1965)

C.H. Bates et al., The solubility of transition metal oxides in zinc oxide and the reflectance spectra of Mn2+ and Fe2+ in tetrahedral fields. J. Inorg. Nucl. Chem. **28,** 397–405 (1966)

Benjah-bmm27, Foto „Cobalt-II-chlorid-Hexahydrat", 2007

S.M. Bentzen, Lise Meitner and Niels Bohr – a historical note. Acta oncol. **39**(8), 1002–1003 (2000)

T. Biggs et al., The hardening of platinum alloys for potential jewellery application. Platin. Met. Rev. **49**(1), 2–15 (2005)

G. Brauer, *Handbuch der Präparativen Anorganischen Chemie*, Bd. I–III, 3. Aufl. (Enke, Stuttgart, 1975), S. 47. ISBN 3-432-02328-6

G. Brauer, *Handbuch der Präparativen Anorganischen Chemie*, 4. Aufl. (Enke, Stuttgart, 1994). ISBN 3-432-87823-0

S.N. Britvin et al., Miassite $Rh_{17}S_{15}$, a new mineral from a placier of Miass River, Urals. Zap. Vses. Mineral. O-va. **130**(2), 41–45 (2001)

M.B.S. Botelho et al., Iridium(III)-surfactant complex immobilized in mesoporous silica via templated synthesis: A new route to optical materials. J. Mater. Chem. **21,** 8829–8834 (2011)

R.H. Carter, Solubilities of some inorganic flurides in water at 25 °C. Ind. Eng. Chem. **20**(11), 1195 (1928)

H. Cheung et al., *Acetic acid, in: Ullmann's Encyclopedia of Industrial Chemistry* (Wiley-VCH, Weinheim, 2012), S. 211–218

J.M.D. Coey, The crystal structure of Rh2O3. Acta Crystallogr. Sect. B: Struct. Crystallogr. Cryst. Chem. **26,** 1876–1877 (1970)

© Springer Fachmedien Wiesbaden GmbH 2017

H. Sicius, *Cobaltgruppe: Elemente der neunten Nebengruppe*, essentials, DOI 10.1007/978-3-658-16346-4

M.M.R. Costa et al., Charge densities of two rutile structures: NiF2 and CoF2. Acta Crystallogr. B: Struct. Sci. **49**(4), 591–599 (1993)

W. Crookes, The Paris exhibition. Chem. News J. Phys. Sci. **15,** 182 (1867)

W. Crookes, On the use of iridium crucibles in chemical operations. Proc. R. Soc. Lond. A **80**(541), 535–536 (1908)

J. D'Ans, E. Lax, *Taschenbuch für Chemiker und Physiker, 3. Elemente, anorganische Verbindungen und Materialien, Minerale*, Bd. 3, 4. Aufl. (Springer, Heidelberg, 1997), S. 388. ISBN 978-3-540-60035-0

A.S. Darling, Iridium platinum alloys. Platin. Met. Rev. **4**(1), 18–26 (1960)

R.S. Davis, General section citations: Recalibration of the U.S. National Prototype Kilogram, J. Res. Natl Bur. Stan. **90**(4) (1985)

B.H. Davis, M.L. Occelli, *Advances in Fischer-Tropsch Synthesis, Catalysts, and Catalysis* (CRC Press, Boca Raton, 2010), S. 67. ISBN 1-4200-6257-3

Dchwen, Foto „Iridium, Folie", 2006

B. Desoize, Metals and metal compounds in cancer treatment. Anticancer Res. **24,** 1529–1544 (2004)

C.E. Düllmann, Superheavy elements at GSI: A broad research program with element 114 in the focus of physics and chemistry. Z. Kristallogr. **100**(2), 67–74 (2012)

J.D. Dunitz, P. Pauling, Polymorphism in anhydrous cobalt sulphate. Acta Crystallogr. **18**(4), 737–740 (1965)

R. Eichler, First foot prints of chemistry on the shore of the island of superheavy elements. J. Phys: Conf. Ser., IOP Science **420**(1) (2013)

C. Ekmekcioglu, W. Marktl, *Cobaltmangel In: Essentielle Spurenelemente: Klinik und Ernährungsmedizin* (Springer, Heidelberg, 2006), S. 198. ISBN 978-3-211-20859-5

C. Elschenbroich, *Organometallchemie*, 5. Aufl. (Teubner, Wiesbaden, 2005). ISBN 3-519-53501-7

W. Ernst, B. Jelkmann, The disparate roles of cobalt in erythropoiesis, and doping relevance. Open J. Hematol. **3**(1), 3–6 (2012)

Evonik Degussa GmbH, Foto „Rhodium, Barren", 2016

C. Frankel, *The End of the Dinosaurs: Chicxulub Crater and Mass Extinctions* (Cambridge University Press, Cambridge, 1999). ISBN 0-521-47447-7

B. Fricke, Superheavy elements: A prediction of their chemical and physical properties. Recent Impact Phys. Inorg. Chem. **21,** 89–144 (1975)

R. Gilchrist, The platinum metals. Chem. Rev. **32**(3), 277–372 (1943)

W.P. Griffith, The periodic table and the platinum group metals. Platin. Met. Rev. **52**(2), 114 (2008)

C. Hagelüken, Markets for the catalysts metals platinum, palladium, and rhodium. Metall. **60**(1–2), 31–42 (2006)

R. Halmshaw, The use and scope of Iridium 192 for the radiography of steel. Br. J. Appl. Phys. **5**(7), 238–243 (1954)

J.R. Handley, Increasing applications for iridium. Platin. Met. Rev. **30**(1), 12–13 (1986)

K. Hausmann, Die Bedeutung der Darmbakterien für die Vitamin B12- und Folsäure-Versorgung der Menschen und Tiere. Klin. Wochenschr. **33**(15–16), 354–359 (1955)

J.A. Hedvall, Studien über Rinmansgrün. Chem. Zentralbl. **1913,** 1273–1274 (1913)

J.A. Hedvall, Über Rinmans Grün. Z. Anorg. Chem. **86**(1), 201–224 (1914)

C. Hellier, *Handbook of Nondestructive Evlaluation* (McGraw-Hill, New York, 2001). ISBN 978-0-07-028121-9

M.A. Hepworth et al., The crystal structures of the trifluorides of iron, cobalt, ruthenium, rhodium, palladium and iridium. Acta Crystallogr. **10,** 63–69 (1957)

A.R. Hildebrand et al., Chicxulub Crater; a possible Cretaceous/Tertiary boundary impact crater on the Yucatan Peninsula, Mexico. Geology **19**(9), 867–871 (1991)

P.E. Hojlund Nielsen, K. Johansen, Ammonia oxidation catalyst, Haldor Topsø AS, Lyngby, EP0562567 A1, 29 Sept 1993

A.F. Holleman, E. Wiberg, N. Wiberg, *Lehrbuch der Anorganischen Chemie*, 102. Aufl. (De Gruyter, Berlin, 2007). ISBN 978-3-11-017770-1

J.K. Hoyano, W.A.G. Graham, Oxidative addition of the carbon-hydrogen bonds of neopentane and cyclohexane to a photochemically generated iridium(I) complex. J. Am. Chem. Soc. **104**(13), 3723–3725 (1982)

L.B. Hunt, F.M. Lever, Platinum metals: A survey of productive resources to industrial uses. Platin. Met. Rev. **13**(4), 126–138 (1969)

O. Inganäsa, Electrophosphorescence from substituted poly(thiophene) doped with iridium or platinum complex. Thin Solid Films **468**(1–2), 226–233 (2004)

G.V. Ionova et al., Halides of Tetravalent Transactinides (Rf, Db, Sg, Bh, Hs, Mt, 110th Element): Physicochemical properties. Russ. J. Coord. Chem. **30**(5), 352 (2004)

IUPAC Recommendations, Names and symbols of transfermium elements. Pure Appl. Chem. **66**(12), 2419 (1994)

Z.J. Jabbour et al., The kilogram and measurements of mass and force. J. Res. Natl. Inst. Stand. Technol. **106,** 25–46 (2001)

J.L. Jambor et al., New mineral names – Miassite. Am. Mineral. **87,** 1509–1513 (2002)

A.H. Janowicz, R.G. Bergman, Carbon-hydrogen activation in completely saturated hydrocarbons: Direct observation of M + R-H -> M(R)(H)“. J. Am. Chem. Soc. **104**(1), 352–354 (1982)

D. Jollie, *Platinum 2011* (Johnson Matthey plc, Royston, 2011). ISBN 0268-7305

K. Källström et al., Ir-catalysed asymmetric hydrogenation: Ligands, substrates and mechanism. Chem. Eur. J. **12**(12), 3194–3200 (2006)

N. Katsaros, A. Anagnostopoulou, Rhodium and its compounds as potential agents in cancer treatment. Crit. Rev. Oncol. Hematol. **42,** 297–308 (2002)

J. Kintrup et al., Elektrokatalysator, Elektrodenbeschichtung und Elektrode zur Herstellung von Chlor, DE102013202144A1, 14 Aug 2014

K. Kittilstved et al., Direct kinetic correlation of carriers and ferromagnetism in Co2+:ZnO. Phys. Rev. Lett. **97,** 037203 (2006)

W.S. Knowles, Asymmetrische Hydrierungen. Angew. Chem. **114**(12), 2096–2107 (2002)

R.A. Kyle, M.A. Shampo, Lise Meitner. J. Am. Med. Assoc. **245**(20), 2021 (1981)

K.-H. Lautenschläger, W. Schröter, *Taschenbuch der Chemie*, 20. Aufl. (Harri Deutsch, Frankfurt a. M., 2007), S. 379. ISBN 978-3-8171-1761-1

D.R. Lide, *Properties of the Elements and Inorganic Compounds, in: CRC Handbook of Chemistry and Physics*, 90. Aufl. (CRC Press & Taylor and Francis, Boca Raton, 2010), S. 4–68

P.J. Loferski, *Platinum-Group Metals, Mineral Commodity Summaries* (United States Geological Survey, U. S. Department of the Interior, Washington, 2016)

W. Löscher et al., *Vitamin B12, Pharmakotherapie bei Haus- und Nutztieren*, 7. Aufl. (Thieme, Stuttgart, 2006), S. 346. ISBN 9783830441601

O. Mangl, Foto „Cobalt-II-fluorid", 2007

D. Möhl, Production of low-energy antiprotons. Hyperfine Interact. **109,** 33–41 (1997)

B. Morosin, Crystal structure of manganese (II) and cobalt (II) bromide dihydrate. J. Chem. Phys. **47,** 417 (1967)

J. Mottishaw, Notes from the Nib works – Where's the iridium? The PENnant **13**(2) (1999)

O. Muller, R. Roy, Formation and stability of the platinum and rhodium oxides at high oxygen pressures and the structures of Pt3O4, β-PtO2 and RhO2. J. Less-Common Met. **16,** 129 (1968)

G. Münzenberg et al., Observation of one correlated α-decay in the reaction 58Fe on 209Bi→267109. Z. Phys. A **309**(1), 89 (1982)

P. Naumov et al., Dynamic single crystals, kinematic analysis of photoinduced crystal jumping (The photosalient effect). Angew. Chem. **125,** 10174–10179 (2013)

D. Nicholls, *The Chemistry of Iron, Cobalt and Nickel: Comprehensive Inorganic Chemistry* (Elsevier, Amsterdam, 2013), S. 1070. ISBN 978-1-4831-4643-0

G.K. Nie, Charge radii of β-stable nuclei. Mod. Phys. Lett. A **21**(24), 1889 (2005)

Nuclear Regulation Agency, Contaminated pipe fittings discovered among steel castings imported from Taiwan, SECY-84-452, 29 Nov 1984

Oguenther, Foto „Rinmans Grün/Zinkgrün", 2011

E.K. Ohriner, Processing of iridium and iridium alloys. Platin. Met. Rev. **52**(3), 186–197 (2008)

P. Paetzold, *Chemie: Eine Einführung* (De Gruyter, Berlin, 2009), S. 204. ISBN 3-11-021135-1

R.T. Paine, L.B. Asprey, Reductive syntheses of transition metal fluoride compounds. Synthesis of rhenium, osmium, and iridium pentafluorides and tetrafluorides. Inorg. Chem. **14**(5), 1111–1113 (1975)

D.L. Perry, *Handbook of Inorganic Compounds*, 2. Aufl. (Taylor & Francis, Boca Raton, 2011), S. 483. ISBN 1-4398-1462-7

V. Pershina, Transactinides and the Future Elements, in *The Chemistry of the Actinide and Transactinide Elements*, 3. Aufl. J. von Fuger (Springer Science+Business Media, Dordrecht, 2006). ISBN 1-4020-3555-1

C. Puchstein et al., *11.4 Cobalt In: Ernährungsmedizin: nach dem neuen Curriculum Ernährungsmedizin der Bundesärztekammer*, 4. Aufl. (Thieme, Stuttgart, 2010), S. 205. ISBN 978-3-13-100294-5

P. Pyykkö, M. Atsumi, Molecular double-bond covalent radii for elements Li—E112. Chem. Eur. J. **15**(46), 12770 (2009)

P. Pyykkö, W.H. Xu, On the extreme oxidation states of iridium. Chemistry **21,** 9468–9473 (2015)

G. Rayner-Canham, Z. Zheng, Naming elements after scientists: An account of a controversy. Found. Chem. **10,** 13 (2007)

B. Ribár et al., The crystal structure of cobalt nitrate dihydrate, Co(NO3)2 · 2 H2O. Z. Kristallogr. **144**(1–6), 133–138 (1976)

E. Riedel, *Anorganische Chemie*, 6. Aufl. (De Gruyter, Berlin, 2004), S. 834. ISBN 3-11-018168-1

E. Riedel, C. Janiak, *Anorganische Chemie* (De Gruyter, Berlin, 2011). ISBN 978-3-11-022566-2

S. Riedel et al., Formation and characterization of the iridium tetroxide molecule with iridium in the oxidation state +viii. Angew. Chem. **48**(42), 7879–7883 (2009)

S. Riedel et al., How far can we go? Quantum-chemical investigations of oxidation state +IX. ChemPhysChem. **11**(4), 865–869 (2010)

P. Rife, Meitnerium. Chem. Eng. News **81**(36), 186 (2003)

R. Rigamonti, Gazz. Chem. Ital. **76,** 476 (1946)

S. Rinman, Om grön målare-färg af Cobolt, Kungl. Svenska vetenskapsakademiens handlingar **1780**(7–9), 163–175 (1780)

S.J. Roseblade, A. Pfaltz, Iridium-catalyzed asymmetric hydrogenation of olefins. Acc. Chem. Res. **40**(12), 1402–1411 (2007)

A. Roy, The palettes of three impressionist paintings. Nat. Gall. Tech. Bull. **9,** 12–20 (1985)

A. Roy, *Cobalt Blue, in: Artists' Pigments, A Handbook of Their History and Characteristics*, Bd. 4 (B.H. Berrie, National Gallery of Art Washington, Washington, 2007)

E.B. Royar, S.D. Robinson, Rhodium(II)-Carboxylato complexes. Platin. Met. Rev. **26**(2), 65–69 (1982)

G. Ryder et al., *The Cretaceous-Tertiary Event and Other Catastrophes in Earth History* (Geological Society of America, Boulder, 1996), S. 47. ISBN 0-8137-2307-8

S.L. Saito, Hartree–Fock–Roothaan energies and expectation values for the neutral atoms He to Uuo: The B-spline expansion method. At. Data Nucl. Data Tables **95**(6), 836 (2009)

G. Sandford, Perfluoroalkanes. Tetrahedron **59**(4), 437–454 (2003)

U.S. Schubert et al., New trends in the use of transition metal-ligand complexes for applications in electroluminescent devices. Adv. Mater. **17**(9), 1109–1121 (2005)

K. Seppelt et al., Solid state molecular structures of transition metal hexafluorides. Inorg. Chem. **45**(9), 3782–3788 (2006)

A.T. Serkov, Spinnerets for viscose rayon cord yarn. Fibre Chem. **10**(4), 377–378 (1979)

R.D. Shannon, Synthesis and properties of two new members of the rutile family RhO2 and PtO2. Solid State Commun. **6,** 139 (1968)

K.B. Shedd, *Cobalt, Mineral Commodities* (United States Geological Survey, U. S. Department of the Interior, Washington, 2015)

H. Sicius, Foto „Cobalt, Kugeln“, 2016

H. Sicius, Foto „Iridium, Pulver“, 2016

P.S. Silinsky, M.S. Seehra, Principal magnetic susceptibilities and uniaxial stress experiments in CoO. Phys. Rev. B **24,** 419–423 (1981)

H. Sitzmann, *Cobaltfluoride, in: Römpp Online* (Thieme, Stuttgart, 2006)

H. Sitzmann, *Rhodiumverbindungen, in: Römpp Online* (Thieme, Stuttgart, 2006)

Smokefoot, Abbildung „Aktivierung von Alkanmolekülen durch Iridiumhydrido- bzw. –carbonylkomplexe“, 2009

R. Smolańczuk, Properties of the hypothetical spherical superheavy nuclei. Phys. Rev. C **56**(2), 812–824 (1997)

M. Snure et al., Progress in zno-based diluted magnetic semiconductors. JOM **61**(6), 72–75 (2009)

A. Sonzogni, *Interactive (NNDC) chart of nuclides.* International conference on nuclear data for science and technology (National Nuclear Data Center, Brookhaven National Laboratory, Upton, 2007)

A.K. Srivastava, P.C. Jain, *Chemistry* (S. Chand & Company, Ram Nagar, 2008), S. 827. ISBN 81-88597-83-X

H. Strunz, E.H. Nickel, *Strunz Mineralogical Tables*, 9. Aufl. (E. Schweizerbart'sche Verlagsbuchhandlung (Nägele u. Obermiller), Stuttgart, 2001), S. 70. ISBN 3-510-65188-X

P.K. Tandon et al., Oxidation of ketones by cerium(iv) in presence of iridium(iii) chloride. J. Mol. Catal. A Chem. **250**(1–2), 203–209 (2006)

P.K. Tandon et al., Catalysis by Ir(III), Rh(III) and Pd(II) metal ions in the oxidation of organic compounds with H_2O_2. Appl. Organomet. Chem. **21**(3), 135–138 (2007)

P.K. Tandon et al., Oxidation of cyclic alcohols by cerium(IV) in acidic medium in the presence of iridium(III) chloride. J. Mol. Catal. A: Chem. **282**(1–2), 136–143 (2008)

C. Thomas, *Spezielle Pathologie* (Schattauer, Stuttgart, 1996), S. 179. ISBN 3-7945-2110-2

C. Thierfelder et al., Dirac-Hartree-Fock studies of X-ray transitions in meitnerium. Eur. Phys. J. A **36**(2), 227 (2008)

TK1954, Foto „Cobaltblau", 2010

Z.J. Tonzetich, Organic light emitting diodes – Developing chemicals to light the future. J. Undergrad. Res. **1**(1) (2002)

J.-P. Toutain, G. Meyer, Iridium-Bearing sublimates at a hot-spot volcano (Piton de la Fournaise, Indian ocean). Geophys. Res. Lett. **16**(12), 1391–1394 (1989)

E. Van Lenthe, E.J. Baerends, Optimized slater-type basis sets for the elements 1–118. J. Comput. Chem. **24**(9), 1142–1456 (2003)

M. Votsmeier et al., *Automobile Exhaust Control, in: Ullmann's Encyclopedia of Industrial Chemistry* (Wiley-VCH, Weinheim, 2003)

Walkerma, Foto „Cobalt-II-chlorid, wasserfrei", 2005

K. Wehlte, *Werkstoffe und Techniken der Malerei* (Otto Maier, Ravensburg, 1967). ISBN 3-473-48359-1

Wempe KG, Foto „Mechanisches Uhrwerk Committi, rhodiniert", 2016

D.H. Wilkinson, Discovery of the transfermium elements. Part II: Introduction to discovery profiles. Part III: Discovery profiles of the transfermium elements. Pure Appl. Chem. **65**(8), 1757 (1993)

A. Wold, K. Dwight, *Solid State Chemistry: Synthesis, Structure, and Properties of Selected Oxides and Sulfides* (Chapman & Hall, Inc. & Springer Science & Business Media, Philadelphia 1993). ISBN 0-412-03621-5

J. Xiong et al., The formation of Co2C species in activated carbon supported cobalt-based catalysts and its impact on Fischer-Tropsch reaction. Catal. Lett. **102,** 265–269 (2005)

Y.-H. Zhao et al., Structural and electronic properties of cobalt carbide Co2C and its surface stability: Density functional theory study. Surf. Sci. **606,** 598–604 (2012)

M. Zhou et al., Identification of an iridium-containing compound with a formal oxidation state of IX. Nature **514,** 475–477 (2014)

E. Ziegler et al., High-efficiency tunable X-ray focusing optics using mirrors and laterally-graded multilayers. Nucl. Instrum. Methods Phys. Res., Sect. A **2001,** 467–468–954–957 (2001)

P. Zielinski et al., *The Search for 271Mt via the Reaction 238U + 37Cl, GSI Annual Report* (Gesellschaft für Schwerionenforschung, Darmstadt, 2003)

K.A. Zug et al., Patch-test results of the North American contact dermatitis group 2005–2006. Dermatitis **20**(3), 149–160 (2009)